우리는 왜 숫자에 속을까

우리는 왜 **숫자**에 속을까

진짜를 가려내는 통계적 사고의 힘

게르트 기거렌처 · 발터 크래머 · 카타리나 슐러 · 토마스 바우어 지음 | 구소영 옮김

온워드

들어가는 말
숫자맹은 정신적 전염병이다

숫자 공포증은 '외상 후 스트레스 장애' 같다. 심리 상담 방송에서나 들을 법한 용어다. 하지만 코로나 팬데믹을 거치는 동안 우리는 수많은 숫자를 접하며 비슷한 증상을 보였다. 7일간 발생한 인구 10만 명당 신규 확진자 수, 감염 재생산 지수, 감염자 수가 두 배가 되는 데 걸리는 시간, 초과 사망률 같은 데이터는 머리를 지끈지끈하게 만든다. 이렇게 매일 미디어에서 넘쳐나는 수많은 숫자의 의미를 우리는 얼마나 이해하고 있을까?

문제는 미디어를 접하는 사람뿐만 아니라 뉴스를 만드는 사람들도 종종 숫자를 이해하지 못한다는 데에 있다. 미디어에서 일반적으로 보이는 오류는 다음과 같은 것들이다. 우연한 발견을 '유의미한 통계 결과'로 포장하거나, 원하는 결과를 얻기 위해 미리 선택한 항목을 측정하며, 의료 검사를 잘못 평가하고, 특정 동향을 무분별하게 미래 예측에 적용한다. 실수일 수도 있고 의도적인 조작일 수도 있다.

이 모든 오류는 개인적 공간이 아니라 학술지, 신문, 라디오, 텔레비전, 인터넷을 통해 널리 퍼진다. 그렇게 우리는 숫자맹이 된다. 숫자맹은 이를테면 미디어를 통해 전파되는 정신적 전염병이다. 그 결과 「녹색당 지지자들은 SUV를 즐겨 탄다」, 「한 시간 조깅할 때마다 수명이 7시간 증가한다」 같은 기사에서 사실을 가려내지 못한다.

이 책의 토대가 된 《이달의 잘못된 통계Unstatistik des Monats》는 이 문제를 해결해보고자 2011년 시작한 프로젝트다. 우리가 숫자맹에서 벗어나기 위해서는 무엇보다 통계적 사고가 필요하다. 통계적 사고는 일상생활에서 큰 힘을 발휘한다. 어떤 정보에 어떤 개입이 어떻게 작용했는지 알아내 분별력 있게 의사 결정을 할 수 있기 때문이다. 궁극적으로는 불확실한 상황에서 통계적 사고로 위험 관리 능력을 기르는 것이 우리의 과제다.

숫자맹 의사에게
건강을 맡길 수 있는가

우리가 숫자를 이해하지 못한다는 것과 이 사실조차 인지하지 못한다는 것은 특히 보건의료 분야에서 분명히 드러난다. 하지만 이 분야는 다른 어떤 분야보다도 통계적 사고가 꼭 필요하다. 예방 접종, 약, 조기 검진의 효과나 검사의 정확도 등에 숫자가 등장하기 때문이다.

검사 결과를 이해하기 위해서는 의학에서 적중률이라고 부르는 민감도를 알아야 하고, 오경보율을 보완하며 진음성률을 가리키는 특이도, 그리고 양성 예측도와 음성 예측도 같은 개념을 숙지해야 한다. 실제로는 그렇지 못하다. 위험 관리 능력 강화를 위한 하딩 센터Harding-Zentrum für Risikokompetenz(이하 하딩 센터)는 의학도의 통계적 사고 능력을 진단하는 간단한 검사를 개발했다.[1] 이 검사는 통계의 기본 개념에 대한 열 가지를 질문으로 이루어져 있다. 맛보기로 네 문제를 함께 풀어보자.

1. 민감도 혹은 적중률의 의미는 무엇인가?
①질병에 걸린 모든 사람 중 양성 판정을 받은 사람의 비율

②질병에 걸린 모든 사람 중 음성 판정을 받은 사람의 비율

③질병에 걸리지 않은 모든 사람 중 양성 판정을 받은 사람의 비율

④질병에 걸리지 않은 모든 사람 중 음성 판정을 받은 사람의 비율

2. 특이도의 의미는 무엇인가?

①질병에 걸린 모든 사람 중 양성 판정을 받은 사람의 비율

②질병에 걸린 모든 사람 중 음성 판정을 받은 사람의 비율

③질병에 걸리지 않은 모든 사람 중 양성 판정을 받은 사람의 비율

④질병에 걸리지 않은 모든 사람 중 음성 판정을 받은 사람의 비율

3. 검사에서 양성 판정을 받은 사람이 실제로 질병에 걸린 사람일 확률을 무엇이라고 하는가?

①양성 예측도

②음성 예측도

③특이도

④민감도

4. 검사에서 음성 판정을 받은 사람이 실제로 질병에 걸리지 않은 사람일 확률을 무엇이라고 하는가?

①양성 예측도

②음성 예측도

③특이도

④민감도

정답은 ①, ④, ①, ②다. 몇 개나 맞추었는가?

독일 내 가장 유명한 의과대학인 샤리테Charité 의대생 169명에게 이 검사를 실시한 적이 있었다.[2] 이는 직전 학기 한 학년 학생 수의 60퍼센트에 해당한다. 결과는 어땠을까? 검사를 받은 학생 중 20퍼센트는 민감도가 무엇을 의미하는지, 약 30퍼센트는 특이도가 무엇인지, 40퍼센트는 양성 예측도의 뜻이 무엇인지, 약 50퍼센트는 음성 예측도가 무엇을 의미하는지 모르고 있었다. 학생들은 열 문제 중에서 평균 다섯 문제밖에 맞히지 못했다.

독일에서 가장 유명한 의과대학 학생들은 숫자맹인 걸까? 아니면 교육 과정에 문제가 있었던 걸까? 이 질문에 답을 얻기 위해 검사를 받은 학생들에게 90분짜리 통계적 추론 강의를 수강하게 하고 재검사를 진행했다. 학생 대부분은 짧은 수강을 통해 개념을 이해했다. 거의 모든 학생이 민감도, 특이도, 양성 예측도, 음성 예측도의 의미를 알아들었고 신속 검사의 나머지 질문이 다루는 개념을 이해한 학생도 눈에 띄게 많아졌다. 결국 통계의 중요성을 반영하지 않은 교육 과정의 문제였다.

독일과 전 세계에서 진행한 추가 연구에 따르면 의사 대부분은 의학 검사 결과를 평가할 수 없고 학술지의 통계 개념을 이해하지 못한다.[3] 그 결과 의사는 환자에게 과학적 근거를 들어 설명하지 못하고, 환자는 치료 방법을 선택하기에 충분한 정보를 듣지 못한다. 이처럼 보건의료 분야에서 통계 사고력이 부족하면 환자들은 과잉 치료나 과잉 투약, 불필요한 처치를 받게 된다. 건강을 잃을 뿐만 아니라 매년 불필요한 영상 검사와 약물 처방으로 수십억 유로를 지출한다.

미국에서는 매년 100만 명의 어린이가 공연히 CT 촬영을 받는다.[4] 물론 거기에는 상업적인 이유가 있다. 하지만 그보다 더 큰 이유는 자녀의 작은 부상에도 부모가 과도하게 염려하기 때문이다. 즉, 의료진을 포함해 우리에게 위험 관리 능력이 부족한 것이다.

CT 촬영을 하면 아직 발달 중인 어린이의 장기가 위험한 방사선량에 노출된다. 방사선량은 장기와 기계에 따라 다르지만, 어떤 경우에는 후쿠시마에서 4주간 휴가를 보낼 때보다 높다. 수백만 번의 불필요한 CT 촬영 때문에 수백 명의 어린이가 수십 년 후 암에 걸릴 수 있다.

다른 사례도 있다. 55~74세 여성 7만 8,000명을 대상으로 한 무작위 연구에 따르면 개인 의료 서비스 중 초음파와 종양표지자를 통한 난소암 조기 검진이 가장 인기가 많다. 그러나 이 검사는 난소암 사망률을 전혀 낮추지 않으며, 오히려 많은 여성의 건강을 심각하게 손상한다. 연구 발표 1년 후 미국 산부인과학회는 난소암 검진을 중지하라고 권유했지만 이 사실을 여전히 모르거나 알고도 고의로 무시하는 의사들이 많았다. 미국 산부인과 전문의 401명을 대상으로 한 연구에 따르면 난소암 조기 검진이 불필요하다는 위 연구가 발표되고 5년이 지난 후에도 의사 대부분이 이 사실을 모르고 건강한 여성에게 난소암 검사를 계속해서 권하는 것으로 나타났다.[5]

넛지는 학습 능력을
포기한 사회에나 필요한 것

학술지 《네이처Nature》에 실린 「리스크 스쿨Risk School」이라는 제목의 논문은 인간이 위험을 올바르게 평가하는 방법을 배울 수 있는지에 대한 논쟁을 다룬다.[6] 논문은 인간이 위험을 판단하는 방법을 배울 수 없다는 견해를 설명하기 위해 넛지nudge 옹호자 대니얼 카너먼Daniel Kahneman과 리처드 탈러Richard Thaler를 소개한다. 그들은 위험을 제대로 인식하는 것은 국가의 과제이며 시민이 올바른 방향으로 가도록 심리학적 방법으로 유도하고 행복한 삶에 이르도록 조금씩 몰고 가야 한다고 주장한다. 넛지는 정부가 국민을 보호하고 간섭하는 온정주의Paternalismus의 부드러운 형태이며, 특히 성숙한 시민에 대한 희망을 포기한 미국에서 인기가 많다.

넛지에 반대하는 주장은 위험 관리 능력을 지지하는 게르트 기거렌처와 막스 플랑크 교육 연구소를 인용하여 설명한다. 그들은 인간이 위험 관리 능력을 배울 수 없다고 생각하는 부정적인 주장에 근거가 없다며, 어른은 물론이고 어린이와 청소년도 통계적 사고력을 키울 수 있음을 실험을 통해 증명했다.[7]

코로나 팬데믹을 기점으로 전 세계적으로 위험 관리 능력과 통계 사고력 강화를 위한 움직임이 일어나고 있다. 우리가 통제할 수 없는 불확실한 상황은 언제든 다시 일어날 수 있다. 그럴 때 스스로 비판적 사고력을 갖추는 것이야말로

우리는 왜 숫자에 속을까

불확실성을 돌파하는 가장 근본적인 방법일 것이다.

이 책은 여러분이 숫자맹을 벗어나 비판적 사고력을 갖추는 데 도움을 줄 것이다. 통계를 볼 때 필요한 기본 지식을 간단히 소개하고, 근본적인 사고의 오류를 설명할 것이다. 나아가 주로 통계가 잘못 사용되는 문제 상황을 다루고 그 해결 방안도 제시할 것이다. 함께해 보자.

2022년 봄 에센, 베를린,
도르트문트, 뮌헨에서

목차

1부

데이터를
근거로 생각하라

1장
통계적 사고의
도구들

개인이 올바른 결정을 하도록 돕는 방법에는 세 가지가 있다. '온정주의', '넛지'. '위험 관리 능력 강화'다. 먼저 온정주의는 독재 체제의 전형적인 이념으로 국가가 국민에게 행동 지침을 내리고 그에 따라 상이나 벌을 내린다. 중국이 여기에 해당된다.

넛지는 '가볍게 찌른다', '한 방향으로 유도한다'는 의미로 온정주의의 부드러운 버전이다. 국가가 심리적 수단으로 국민의 행동에 영향을 끼친다. 국민이 스스로 행복한 삶을 위한 권리를 갖기보다 국가가 국민을 행복한 삶으로 이끄는 것이 목표다. 데이비드 캐머런David Cameron 총리가 영국 정부를 이끌 당시 넛지팀을 구성했었다.

이 둘의 대안이 위험 관리 능력 강화다. 독일 정부는 '효과적 관리팀Wirksam regieren'을 두고 사회와 국가 행정의 위험 관리 능력을 강화하기 위해 노력한다. 시민이 능동적으로 정확한 정보를 이해하고 스스로 결정을 내리도록 하는 것이다. 그리고 여기에 필요한 것이 통계적 사고다.

불확실한 상황에 부닥친 인간은 두려움과 불안을 느끼고 확실함을 좇게 마련이다. 이때 통계적 사고를 발휘한다면 절대적 확신에 대한 믿음을 버리고 불확실성과 공존할 수 있을 것이다. 나아가 모든 종류의 확고한 신념과 주장을 건전하게 의심하고 사실과 분명한 정보를 기반으로 판단할 수 있을 것이다. 즉 통계적 사고는 위험을 인식하는 기술이며, 정서적 기술인 셈이다.

그렇다면 통계적 사고는 어떻게 기를 수 있을까? 우선 중요한 다섯 가지 기본 원칙부터 시작해 보자. 이 원칙들은 앞으로 다룰 통계적 사고를 방해하는 오류와 깊은 연관이 있다. 누구나 이해할 수 있는 원칙이지만, 더 깊이 이해하기 위해서는 시간을 할애해야 할 수도 있다. 그래도 외국어를 배우는 것보다는 훨씬 쉬울 것이다.

기본 원칙 1:
세상에 확실한 것은 없다

의심의 기본은 확신이 환상에 불과하다는 것을 인식하는 데서 출발한다. 벤저민 프랭클린Benjamin Franklin은 세금과 죽음을 제외하고 확실한 것은 하나도 없다는 말을 남겼다. 오늘날 성장 산업에서 이루어지는 탈세를 생각해 보면 이제는 세금조차 확실하지 않다. 인간은 불확실한 상황에서 확실함을 필요로 한다. 그러나 확실성에 대한 욕구는 나 자신과 주변 사람을 위험에 빠뜨릴 수밖에 없다.

우리가 확실성만을 좇는다면 예방 접종도 안전할 수 없다. 코로나19 백신 접종을 2차까지 마쳤지만 코로나에 감염된 사례가 최초로 알려지고, 접종을 마친 확진자가 심지어 병원 치료를 받을 정도로 심각하다는 사례가 알려졌을 때 많은 사람이 경악했다.* 백신 접종 반대자들은 이런 사례를 백신 효과가 미미하다는 증거로 사용했다. 하지만 로버트 코흐 연구소Robert Koch-Institut를 비롯한 여러 다른 기관들은 처음부터 백신의 효과가 100퍼센트가 아닌 90퍼센트라는 점을 분명히

---

* 독일에서는 코로나 팬데믹 초창기부터 경미한 증상을 가진 코로나 확진자는 재택 치료를 받았다.

밝혔다. 즉, 백신 접종을 받고도 감염자가 나올 수밖에 없다는 뜻이다.

코로나19 위기가 처음 일어났을 때 많은 혼란이 있었다. 그것은 추론을 확실한 지식인 양 제시했기 때문이다. 그렇게 언론과 과학에 대한 신뢰가 무너졌다. 게다가 팬데믹은 예측과 다르게 전개됐고, 예측은 수정돼야 했다. 하지만 충분한 데이터가 있다면 불확실하더라도 바른 방향을 인식하고 올바른 결정을 내릴 수 있다. 난간을 잡고 걸어간다면 정확한 길이 보이지 않아도 괜찮듯이 말이다.

의료 검사 또한 절대로 확실하지 않다. 절대 확실성에 대한 잘못된 오해는 치명적일 수 있다. 후천성 면역 결핍 증후군AIDS 발병 유행 초기에 플로리다에 사는 헌혈자 22명이 엘리자 검사ELISA Test에서 양성 진단을 받았고 그중 7명은 스스로 목숨을 끊었다. 일반 헌혈자처럼 HIV 감염 위험군에 속하지 않는 사람이 양성 판정을 받았을 때 실제로 감염되었을 확률은 50퍼센트 미만이었지만, 그들은 불행히도 이 사실을 몰랐던 것이 분명하다.

몇 년이 흐른 뒤에도 일부 의료 기관은 엘리자 테스트가 확실한 결과를 보여주는 것처럼 광고했다. 일리노이주 보건국에서 배포한 HIV 선별 검사를 설명하는 소책자에는 "양성이란 혈액에서 항체가 발견되었음을 의미합니다. 즉, HIV에 감염되었다는 뜻입니다. HIV 감염은 불치병이며, 다른 사람에게 옮길 수도 있습니다"라는 문구가 적혀있다.[1] 오하이오에 사는 한 남성은 양성 결과를 받은 후 12일 만에 직장과 집을 잃었고 부인까지 잃을 뻔했다. 자살을 시도한 날 검사 결과가 가짜 양성이었다는 연락을 받았다. 이후 HIV 검사는 발전을 거듭했지만, 최신 방식의 엘리자 검사와 웨스턴 블롯 검사Western blot Test를 함께 시행하더라도 완벽한 결과를 얻을 수는 없다. 더 높은 확률의 결과를 얻을 수 있을 뿐이다.

우리가 무조건 위험을 피하려다 보면 오히려 더 위험한 상황이 올 수도 있다. 확실성은 환상을 만들어내기 때문이다. 2021년 봄 아스트라제네카 백신 접종 후 혈전증을 보인 사례가 처음 알려졌을 때 사람들의 불안은 최고조에 이르렀다. 당시 독일 내 전체 백신 공급량은 부족했지만 아스트라제네카 백신 물량은 남아돌았다. 사람들은 혈전증 위험을 피하려고 mRNA 백신을 맞을 수 있을 때까지 몇 달을 기다리겠다고 했다.

그들은 접종 부작용의 위험을 피하고자 다른 백신을 기다리는 사이 코로나19에 감염될 수도 있고 중환자가 되어 목숨이 위험할 수도 있었다. 실제로 감염 위험률이 낮은 지역에

거주하는 20~29세를 제외하면 전 연령대의 코로나 감염 위험이 아스트라제네카 접종 부작용보다 명백하게 높았다.

급성 심장 질환 증상이 있는데도 코로나19 감염이 두려워서 병원에 가지 않거나 너무 늦게 간 심장병 환자도 있었다. 팬데믹 동안 심각한 심장 문제로 병원을 찾는 환자의 수는 약 30퍼센트 감소했다. 그들은 두 가지 위험 요소를 저울질하며 꼼꼼히 비교하는 대신 코로나 감염 위험에 대한 편협한 시각에 갇혀 있었다. 바이러스에 대한 두려움 때문에 심장 마비나 뇌졸중으로 죽을 수도 있는 위험을 무릅쓴 것이다.

기본 원칙 2:
무엇에 대한 비율인지 이해할 것

정보가 백분율로 주어지면 무엇에 대한 백분율인지 늘 따져봐야 한다. 위험률을 논할 때 전문가와 대중 사이에 오해가 생기는 두 가지 경우가 있다. 첫째는 모집단을 언급하지 않을 때고, 둘째는 모집단을 잘못 언급할 때다. 모집단을 언급하지 않으면 무의식적으로 모집단이 다양한 부류, 다양한 계층의 사람일 것이라고 생각하는 문제가 생긴다.

"내일 비가 올 확률은 30퍼센트입니다"라는 일기예보를 들었을 때 사람들은 본인이 이해한 대로 믿게 된다. 그런데 여기서 '강수 확률 30퍼센트'는 무엇을 의미할까? 한 연구에서 유럽의 네 개 도시와 뉴욕에서 행인 총 100명에게 질문했다.[2] 암스테르담 사람 대부분은 24시간 중 30퍼센트의 시간 동안, 즉 7~8시간 동안 비가 올 것이라는 뜻으로 이해했다. 베를린 사람들도 마찬가지였다. 반면 밀라노 사람 대부분은 30퍼센트의 지역에서 비가 내릴 것이라고 받아들였다. 심지어 뉴욕 사람의 절반 이상은 날씨를 예측한 모든 날 중 비가 내리는 날의 확률이 30퍼센트이므로 내일은 아마도 비가 내리지 않을 것이라고 완전히 다르게 생각했다.

다시 질문해 보자. '내일 강수 확률 30퍼센트'의 모집단은 시간, 지역, 날 중에 무엇을 가리킬까? 정답은 뉴욕 사람들이 생각한 대로 100일 중 최소한이라도 비가 내릴 것으로 측정한 30일을 뜻한다. 기상학자도 예보관도 이 사실을 분명하게 전달하지 않는다. 정말 놀라운 것은 우리가 서로 다르게 이해한다는 것조차 모르고 있으며 모집단에 대한 질문을 전혀 하지 않는다는 사실이다.

예시를 한 가지 더 살펴보자. 약한 우울증 때문에 항우울제를 처방받을 때 의사는 성욕 감퇴나 발기 부전처럼 일어날 수 있는 부작용을 함께 설명해준다. "이 약을 복용하면 30~50퍼센트 확률로 성욕에 문제가 생길 수도 있습니다." 여간 명확한 설명이 아닐 수 없다. 한 연구에서 60~77세 73명과 18~35세 117명에게 설명의 정확한 뜻을 물었다.[3] 60~77세 응답자의 3분의 1은 약 복용자 중 30~50퍼센트에게 성욕 문제가 생긴다고 알아들었고, 다른 3분의 1은 복용자들이 각자 성생활에서 부작용을 겪을 확률이 30~50퍼센트라고 이해했다. 나머지 3분의 1은 복용자의 성생활이 이전보다 30~50퍼센트 덜 만족스러워진다고 믿거나 완전히 다르게 해석한 사람도 있었다.

반면 18~35세 응답자의 70퍼센트는 전체 약 복용자 중 30~50퍼센트가 부작용을 경험할 수 있다고 해석했고, 나머지 응답자는 각각 비슷한 비율로 다르게 해석했다. 그렇다면 도대체 무엇이 제대로 된 해석일까? 모집단은 바로 약 복용자를 가리킨다. 하지만 의사의 말만 듣고는 백분율이 무엇을 가리키는지 제대로 이해할 수가 없어서 의사에게 다시 물어보거나 자료를 직접 찾아 읽어야 한다.

어떤 모집단을 본능적으로 떠올리는지에 따라 큰 차이가 생긴다. 모집단으로 '약 복용자'를 떠올린 사람이 낙관적인 성향이라면 의사의 말에 크게 동요하지 않을 것이다. 전체 복용자 중 30~50퍼센트만 부작용을 겪게 될 것이기 때문이다. 하지만 모집단으로 '약 복용자의 성생활'을 떠올린 사람에게는 낙관주의도 아무 소용이 없다. 자신에게 부작용이 일어날 확률이 30~50퍼센트나 되기 때문이다.

다른 사례도 있다. 혹시 축구가 지식인을 양성한다는 사실을 아는가? 《이달의 잘못된 통계》에서 이 정보를 파헤쳐 보았다. 콘스탄츠 지역 신문 《쥐트쿠리어 Südkurier》에 따르면 SC 프라이부르크 팬 73.4퍼센트가 학위를 소지했다. 학위를 가진 팬의 비율로 따져보면 전체 분데스리가 팀 중 1위다. 3위를 차지한 함부르크 SV도 전체 팬 중 63.5퍼센트가 학위를 소지하고 있다고 북부 독일 신문 《슐레스비히-홀슈타인 sh:z》이 보도했다.

4만 5,000명의 프로필을 분석한 결과 함부르크 SV 팬의 학력이 우수하기는 하지만 1위에게는 많이 뒤처진다.

함부르크 SV 팬 절반 이상이 학위 소지자라는 반가운 소식이다. 하지만 63.5퍼센트라는 숫자는 전체 순위로 보면 3위에 그친다. 이 통계는 소셜 네트워크 싱 Xing 회원 중 축구 팬 4만 5,000명 이상의 프로필을 분석하여 수집했다.

FSV 마인츠 05 팬과 FC 아우스부르크 07 팬은 각각 60.4

퍼센트와 54.3퍼센트로 학위 소지 순위 꼴찌를 기록했다. 1위는 SC 프라이부르크 팬으로 함부르크 SV 팬보다 학위 소지자가 약 10퍼센트 많았다. 다음으로는 SV 베르더 브레멘이 71.7퍼센트로 2위, RB 라이프치히 팬이 69.5퍼센트로 3위에 올랐다.

- 「함부르크 SV 팬, 절반 이상이 학위 소지자인데도 학위 소지 축구 팬 순위에서 3위」, 《슐레스비히-홀슈타인》, 2016년 8월 24일.

비즈니스 전문 소셜 네크워크 싱은 축구 팬의 지능은 SC 프라이부르크 팬이 선두를 달린다고 발표했다.

- 「조사 결과 SC 프라이부르크 팬이 제일 똑똑하다고 밝혀져…」, 《쥐트쿠리어》, 2016년 8월 25일.

축구 경기장 관중석이 노래를 부르고 폭죽을 터뜨리는 지식인으로 가득 차리라 누가 생각이나 했을까? 어떻게 이런 일이 가능한 것일까? 독일 전역에서 학사, 석사, 박사의 비율은 전체 인구의 20퍼센트도 되지 않는다. 독일의 학위 소지자 비율은 경제협력개발기구OECD가 거듭 비판할 정도로 낮은데, 함부르크 SV 팬의 절반 이상이 학위 소지자라면 이 데이터는 어딘가 석연치 않다.

데이터를 다시 들여다보면 수상한 점이 바로 눈에 들어온다. 문제는 잘못된 모집단이다. 이 보도는 비즈니스 전문 소셜 네트워크 싱에서 시행한 설문 조사를 기반으로 했다. 즉 여기서 모집단은 전체 팬이 아니라, 소셜 네트워크 싱을 이용하는 팬이다. 싱에는 경쟁 사이트 링크드인^{LinkedIn}처럼 주로 학위를 소지한 이용자가 많다. 따라서 함부르크 SV의 팬이면서 싱의 이용자라면 대부분 학위 소지자라고 볼 수 있다.

언론은 정확한 백분율 수치를 보도했지만 잘못된 모집단을 사용했다. 정확하게 보도하려면 "싱을 이용하는 SC 프라이부르크 팬 중 73.4퍼센트는 학위를 소지했다"라고 해야 한다.

기본 원칙 3:
상대 위험도는 절대 위험도와 다르다

상대 위험도와 절대 위험도를 혼동하는 일은 의외로 자주 발견된다. 이는 우리의 통계적 사고에 문제가 생기는 주요 원인이기도 하다. 심지어 전문가도 실수를 범한다. 미국에서 실시한 연구에서 의사 88명에게 다음 진술을 읽게 했다.[4] "정기적으로 간접흡연에 노출된 사람에게서 심장 질환 위험이 25퍼센트 증가한다. 즉, 흡연에 노출된 환경에서 일하는 비흡연자 4명 중 1명은 간접흡연 때문에 심장 질환에 걸린다."

다음으로 의사들에게 진술의 진위를 물었다. 정답은 '옳지 않다'이다. 위험률의 상대적 증가와 절대적 증가가 뒤섞여 사용되었기 때문이다. 하지만 의사 3분의 1은 진술이 옳다고 대답했다. 이들은 25퍼센트라는 상대적 증가를 비흡연자 4명 중 1명이라는 절대적 증가와 혼동한 것이다.

차이를 확실히 이해하기 위해 간접흡연에 노출되지 않은 100명 중 8명이 심장 질환에 걸린다고 가정해 보자. 위 진술처럼 간접흡연이 심장병 발병률을 25퍼센트 증가시킨다면 심장 질환에 걸리는 사람은 8명이 아니라 10명이 된다. 절대 증가는 100명일 때 환자가 2명 늘어나는 것을 의미하고, 이 수치는 고작 2퍼센트밖에 되지 않는다.

위험률의 절대 증가 수치를 알아내기 위해서는 기저율이 필요하다. 이 경우 기저율은 간접흡연에 노출되지 않은 100명 중 심장 질환에 걸린 8명이라는 수치다. 상대 증가만으로는 기저율을 알 수 없다. 기저율이 두 배가 되어 100명 중 16

명이 되면 절대 수치도 두 배 증가하지만, 상대 수치에는 변함이 없다.

의사가 절대 위험과 상대 위험을 구별하지 못하면 대가는 환자가 치러야 할 수도 있다. 암 조기 검진의 암 발병 감소 효과를 절대 위험도가 아닌 상대 위험도로 보고하는 이유는 상대 위험도를 나타내는 숫자가 절대 위험도를 뜻하는 숫자보다 크기 때문이다.

예를 들어 유방조영술을 통한 유방암 조기 발견은 유방암 사망률을 여성 1,000명당 5명에서 4명으로 줄인다. 조기 검진을 받지 않은 50~70대 여성 1,000명 중 5명이 10년 안에 유방암으로 사망하고, 조기 검진을 받은 여성들은 10년 안에 1,000명 중 4명이 유방암으로 사망한다는 뜻이다. 1,000명당 1명의 감소를 뜻하는 절대 위험도 감소치는 종종 20퍼센트라는 숫자로 바뀌어 소개되고 심지어 30퍼센트로 반올림되기도 한다.[5]

20퍼센트라는 수치를 보고 조기 검진을 통해 예방하는 유방암 사망 여성의 비율이 1,000명당 200명이라고 오해하는 사람도 많다. 그래서 특히 많은 미국 여성은 조기 검진을 마땅한 의무라고 생각한다. 미국인 의사 88명을 대상으로 한 연구가 보여주듯 절대 위험도와 상대 위험도를 혼동하면 암 조기 검진을 맹신하게 된다.

이러한 혼동은 상업적으로 이용되기 쉽다. 의사가 전혀 효능이 없는 약이나 조기 검진을 인상적인 상대 수치와 함께 환자에게 보여주면 환자는 쉽게 설득당한다. 반면 약품의 부작용은 절대 수치로 나타내는 경우가 많다. 숫자가 작아지기 때문이다.

예를 들어 어떤 약이 심장마비 위험을 100명당 2명에서 1명으로 줄이는 동시에 암 발병 위험을 100명당 1명에서 2명으로 증가시킨다고 해보자. 제약회사는 이 정보를 정직하게 전달하는 대신 "이 약을 복용하면 심장마비 위험이 50퍼센트 감소하는 반면 암과 같은 부작용은 1퍼센트의 경우에만 발생한다"라고 소개한다.

저명한 학술지들조차 무려 논문 세 편에 하나씩은 꼭 상대 수치의 눈속임을 사용하고 있었다.[6] 게다가 상대 수치가 대중의 관심을 끌기 쉽기 때문에 의학 학술지는 종종 상대 수치만 제시하고 언론은 이 눈속임을 덥석 문다.[7]

이에 대한 대응책으로 많은 의료 협회가 더욱 올바르고 이해하기 쉬운 연구 보고를 위해 무작위 대조군 연구 보고 지침CONSORT과 같은 규칙을 도입했다. 하지만 절대 위험 수치 없이 상대 위험 수치만 밝혀서는 안 된다는 권고에도 절대 수치를 종종 생략하는 학술지가 많다. 학술지에 게재된 논문 202편을 조사한 결과 64퍼센트가 절대 수치를 밝히지 않았고, 나머지 논문은 절대 수치를 표기하기는 했어도 쉽게 알아볼 수 없는 방식으로 들어가 있었다.[8]

기본 원칙 4:
모든 검사에는 두 가지 오류가 있다

앞서 HIV 검사가 가진 오류를 살펴보며 통계에서 말하는 유의성 검정뿐만 아니라 모든 종류의 의료 검사에서 오류가 발생할 수 있다는 사실을 배웠다. 하지만 더 중요한 것은 의료 검사에서 두 가지 유형의 오류, 즉 가짜 양성과 가짜 음성이 발생할 수 있다는 사실이다. 게다가 두 유형은 완전히 다르다.

새로 개발된 HIV 검사나 유전자 검사가 99.8퍼센트까지 정확하다는 말을 들으면 무슨 의미인지 이해하지 못하는 경우가 많다. 건강한 사람이 의료 검사에서 양성 판정을 받는 오류를 가짜 양성 혹은 거짓 경보라고 하고, 양성으로 나와야 할 검사 결과가 음성으로 나오는 오류를 가짜 음성이라고 한다. 건강한 사람의 검사 결과가 잘못되어 양성으로 나올 확률은 오경보율이라고 하고, 아픈 사람의 검사 결과가 양성으로 나올 확률은 적중률이라고 한다.

적중률과 오경보율은 서로 깊이 연관되어 있다. 한쪽이 커지면 다른 쪽도 커지기 때문에 적중률과 오경보율 수치를 모두 알아야 한다. 높은 적중률이라도 오경보율을 따지지 않으면 얼마나 신뢰할 만한 검사인지 알 수 없다.

한 부부 클리닉에서 100퍼센트의 정확도로 이혼을 예측하는 검사를 광고한다고 가정해 보자. 모든 부부가 이혼할 것으로 예측해도 실제로 이혼하는 모든 부부의 이혼을 맞출 수 있지만, 동시에 오경보율도 100퍼센트에 달한다. 어떤 검사를 소개할 때 오경보율 없이 높은 적중률만 언급하면 감명을 받을 것이 아니라 의심부터 해야 한다.

가장 흥미로운 정보는 소위 말하는 '양성 예측도' 뒤에 숨겨져 있다. HIV 자가 검사를 하려는 사람이 있다고 가정해 보자. 아무런 증상이 없지만, 결혼이나 임신을 준비하거나 군대에 지원하거나 호기심 때문에 해보는 검사를 선별 검사라고 한다. HIV에 감염되었을 리 없는 사람이 검사 결과에서 양성을 판정받았다. 어떤 검사 결과도 무조건 정확하지는 않으며, 특히 선별 검사를 한 경우라면 더 불확실하다. 그렇다면 검사 결과에서 양성을 판정받은 사람이 정말로 HIV에 감염되었을

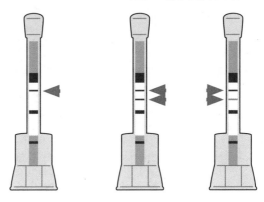

음성

아래의 그림과 같이 한 줄만 나타났다
면 검사 결과는 음성입니다.
이 줄은 연하거나 진할 수 있습니다.
검사 기구가 검사 용액에 반응하지 않
았으므로 당신은 HIV 음성일 가능성
이 있습니다.

양성

아래의 그림과 같이 두 줄이 나타났다
면 검사 결과는 양성입니다.
두 줄 중 한 줄이 다른 줄보다 연하거나
진할 수 있습니다.
검사 기구가 검사 용액에 반응했으므로
당신은 HIV 양성일 가능성이 있습니다.

그림 1.1: HIV 바이러스 자가 검사 키트 사용 설명서에서 발췌.

확률은 얼마나 될까? 이 확률을 바로 양성 예측도라고 한다.

양성 예측도를 계산하기 위해서는 검사의 적중률과 오경
보율이 필요하다. 이 값은 검사 키트의 사용 설명서에서 찾
을 수 있다. 예를 들어 HIV 검사 적중률이 100퍼센트이고 오
경보율이 0.2퍼센트라고 한다면, 실제 HIV 감염자는 검사할
때마다 양성 판정을 받을 것이고, 비감염자가 검사했을 때
양성 판정을 받을 확률은 0.2퍼센트에 불과하다는 뜻이다.
그렇다면 검사상 양성 판정을 받았을 때 진짜 양성일 확률은

얼마나 높은가?

그림 1.1의 "HIV 양성일 가능성이 있습니다"라는 설명에서 답을 추측해 볼 수 있지만, 도대체 얼마나 가능성이 있다는 말인지 알려주는 다른 설명은 없다. 적중률이 100퍼센트이기 때문에 양성으로 나온 검사 결과는 무조건 정확하다고 볼 수 있을까? 즉, 실제로 HIV에 감염되었을 확률은 100퍼센트일까? 아니면 오경보율이 0.2퍼센트이기 때문에 실제로 감염자일 확률은 99.8퍼센트일까?

둘 다 틀렸다. 올바른 양성 예측도를 얻기 위해서는 적중률과 오경보율 외에도 기저율이 필요하다. 여기서 기저율은 선별 검사를 받은 모든 사람 중 HIV 감염자의 비율을 말하는데, 더 자세히 말하자면 이미 알려진 감염자 비율이 아니라, 알려지지 않은 감염자 중 양성으로 판정받는 감염자의 비율을 뜻한다.

독일 내 다양한 집단을 고려했을 때 알려지지 않은 HIV 감염자는 현실적인 추정치로 1만 명당 1명이다. 빈도 수형도를 보면 양성 예측도를 더 직관적으로 이해할 수 있다.

1만 명당 1명꼴로 있는 HIV 감염자는 검사에서 양성 판정을 받을 것이다. 검사의 적중률이 100퍼센트이기 때문이다. HIV에 감염되지 않은 나머지 9,999명 중 20명도 양성 판정을

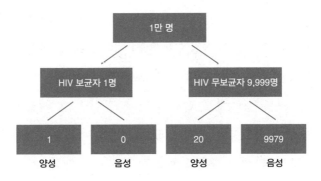

그림 1.2: HIV 바이러스 자가 선별 검사 빈도 수형도.

받을 것이다. 오경보율이 0.2퍼센트이기 때문이다. 다시 말하자면, 양성 판정을 받은 21명 중 실제 감염자는 1명뿐이다. 따라서 양성 예측도는 21분의 1, 약 5퍼센트에 그친다. 즉, 이 신속 자가 검사에서 양성 결과를 받더라도 사용 설명서의 설명과 달리 실제로는 양성이 아닐 확률이 더 높다. 검사를 하지 않았더라면 불안할 이유도 없었겠지만 그래도 두려워할 만큼 높은 확률은 아니다. 음성 결과의 정확도에 대해 말하자면, 검사의 적중률이 100퍼센트일 때 가짜 음성으로 판정될 일이 없기 때문에 결과를 신뢰해도 된다.

앞서 살펴본 것처럼 양성 예측도는 전체 인구 내 HIV 감염자가 차지하는 기본 비율을 뜻하는 기저율에 달려있다. 감염자가 1,000명에 1명이라면 양성 예측도는 33퍼센트이다.* 발병률이나 기저율이 높을수록 양성 예측도도 높아진다.

양성 예측도 계산은 직관적으로 이해하기 쉽지 않은 베이즈 정리Bayes' theorem로도 알려져 있다. 그림 1.2는 확률을 나타내는 상대 빈도 대신 절대 빈도를 사용하여 정보를 명료하게 나타낸다. 양성 예측도를 확률만 가지고 직관적으로 이해하기는 어렵지만 빈도 수형도를 보면 쉽게 이해할 수 있다.

기본 원칙 5:
기저율 고려하기

기저율은 검사 결과를 이해하는 데뿐만 아니라 일반적으로 상대 수치를 비교할 때 꼭 필요하다. 독일 제2 텔레비전ZDF 마르쿠스 란츠Markus Lanz 토크쇼의 2021년 11월 10일 자 방송은 큰 파문을 일으켰다. 진행자는 접종을 받았는데도 증가하는 감염자 수를 언급하며 코로나19 백신 효과에 의문을 제기했고, 백신이 예측보다 덜 효과적임을 보여주는 도표(그림 1.3 참고)를 공개했다. 도표는 60대 이상 인구의 91

---

* (진짜 양성자)÷(선별 검사 결과 양성자)×(100)의 값이다.

퍼센트가 코로나19 예방 주사 접종자이며, 감염자의 60퍼센트와 코로나19 사망자의 43퍼센트가 접종자라는 것을 보여준다.

진행자는 "등골이 오싹하다"라며 도대체 어떻게 된 일이냐고 방청객에게 물었다. 방청객은 어안이 벙벙할 뿐이었다. 그때 한 언론인은 "그래서 제가 예방 접종을 반대하는 겁니다"라고 운을 떼었고, 한 바이러스 학자는 노인의 면역 체계에 접종이 큰 영향을 미치지 못했을 것으로 추측했다.

연방주 총리도 방청객처럼 할 말이 없기는 마찬가지였다. 방송이 끝나갈 무렵 예방 접종은 아무런 효과가 없다는 쪽으로 점점 분위기가 기울었다. 도표에 따르면 입원 치료 환자, 재택 치료 환자, 집중 치료 환자, 일반 치료 환자, 사망자의 약 절반이 접종자였기 때문이다.

여기에도 오류가 있다. 진행자와 전문가 중 어느 누구도 감염자 수를 구할 때 전체 인구에서 접종자가 차지하는 비율, 즉 접종자의 기저율을 고려해서 계산해야 한다는 점을 인식하지 못했기 때문이다. 60대 이상의 모든 사람이 예방 접종을 받았다고 가정한다면, 감염자는 모두 접종자일 수밖에 없다. 그러므로 이 도표만 보고는 예방 접종이 효과가 없

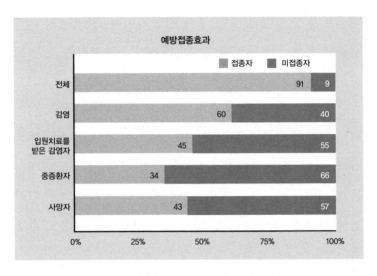

그림 1.3: 마르쿠스 란츠 토크쇼에서 소개한 코로나 백신 접종의 효과를 보여주는 도표.

다고 단정 지을 수 없다.

도표를 다시 한번 제대로 살펴보자. 가장 위에 있는 막대는 기저율을 나타낸다. 60대 이상 인구 100명당 91명은 접종자, 9명은 미접종자다. 전체 인구에서 100명당 10명이 감염된다고 가정하면, 그림 1.3에서 접종자의 감염률이 60퍼센트라고 했기 때문에 감염자 10명 중 6명은 접종자, 4명은 미접종자라고 계산할 수 있다.

다시 말해, 접종자 91명 중 6명이 감염되었고, 미접종자 9명 중 4명이 감염되었으므로 접종자의 감염률은 6.6퍼센트

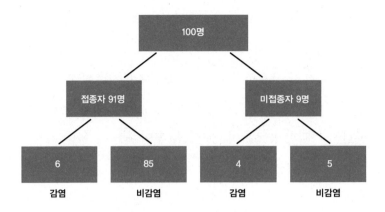

그림 1.4: 코로나 예방 접종 효과에 대한 빈도 수형도.

에 그쳤지만, 미접종자의 감염률은 44퍼센트에 달한다. 이래도 예방 접종에 반대할 수 있을까?

그림 1.3에 최하단 막대가 가리키는 사망자 수치를 자세히 보자. 코로나로 사망할 확률은 코로나에 감염될 확률보다 낮다. 따라서 기준을 100명으로 잡고 계산하면 구하고자 하는 수치가 너무 작아져서 단번에 이해하기 어렵다.

1,000명에서 시작해 보자. 인구 1,000명당 910명은 접종자고 90명은 미접종자다. 만약에 10명이 코로나로 사망한다면 그중 43퍼센트, 즉 약 4명은 접종자다. 나머지 57퍼센트, 즉 약 6명은 미접종자다. 접종자 910명 중 4명, 미접종자 90명 중 6명이 코로나로 사망한다는 뜻이다. 요약하면, 접종자의 사

망률은 0.5퍼센트 미만인 데 반해 미접종자의 사망률은 6퍼센트에 달한다.

토크쇼에서 사용한 도표는 오히려 예방 접종의 효과를 증명한다. 통계를 이해하지 못한 결과로 예방 접종을 둘러싼 혼란과 기괴한 음모론이 생겨났을 뿐이다.

2장
결과가
원인이 되는 마법

　매달 잘못된 통계를 새로 찾아내는 데 아무런 문제가 없냐는 질문을 자주 받는다. 잘못된 통계를 찾는 일은 전혀 어렵지 않다. 뉴스거리가 아무리 없어도 상관관계를 인과관계로 잘못 해석한 보도는 항상 있기 때문이다.

　수량, 지표, 또는 데이터 수열이라고도 부르는 변수 두 개가 일정하게 같은 방향으로 나아가면 두 변수는 상관관계, 엄밀히 말하면 양의 상관관계에 있다고 말한다. 한 변수가 증가하면 다른 변수도 증가하고, 한 변수가 감소하면 다른 변수도 감소하는 관계다. 변수 하나하나를 다 따져보았을 때 예외가 있을 수 있지만 전체적으로 함께 증가하고 함께 감소하는 양상을 보인다.

키와 몸무게를 대표적 예로 들 수 있다. 키가 클수록 몸무게가 많이 나간다. 그렇지 않은 경우도 당연히 있지만, 대체로 키가 큰 사람의 체중이 무거운 편이다. 그림 2.1은 2021-22 시즌 시장 가치를 추정했을 때 가장 몸값이 비싼 FC 바이에른 뮌헨 축구 선수 16명의 몸무게와 키를 보여준다.

그림 2.1의 도표는 이른바 산포도라고 한다. 산포도는 한 변수가 다른 변수와 어떤 관계에 있는지 보여준다. 키가 클수록 몸무게가 많이 나가는 경향이 한눈에 보인다. 따라서 키와 몸무게는 양의 상관관계에 있다고 말할 수 있다. 물론 키와 몸무게 사이에 양의 상관관계가 있다고 하더라도 모든

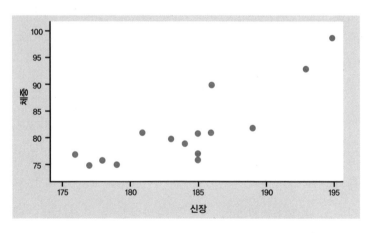

그림 2.1: 2021-2022년 시즌 FC 바이에른 뮌헨팀 연봉, 신장, 체중.

개별 사례에 적용할 수 있는 것은 아니다.

양의 상관관계와 달리 두 변수가 각각 다른 방향으로 일정하게 움직이면 두 변수에는 음의 상관관계가 있다. 중고 자동차의 연식과 가격의 관계가 대표적인 예다. 같은 모델을 비교했을 때 연식이 오래될수록 가격이 내려간다. 물론 모든 경우에 해당되지는 않는다. 주행거리가 짧고 관리가 잘 된 자동차라면 연식이 오래되었어도 상태가 나쁘고 덜 오래된 자동차보다 값이 더 나갈 수 있다. 이처럼 개별 사례는 당연히 다른 양상을 보일 수도 있다.

중고 자동차의 연식과 가격 하락은 인과관계도 갖는다. 오래될수록 일반적으로 남은 수명이 짧기 마련이기 때문이다. 그러나 상관관계를 갖는 모든 변수가 무조건 인과관계를 갖는 것은 아니다.

무엇을 인과관계로 정할 수 있는지는 경험적 통계를 다룰 때 가장 까다로운 문제다. 2000년에 제임스 헤크먼James Heckmann, 2021년에 데이비드 카드David Card, 조슈아 앵그리스트Joshua Angrist, 귀도 임벤스Guido Imbens 등 이 문제를 풀고자 한 여러 학자가 노벨 경제학상을 받았다.

일반화된 동향이
상관관계를 만들어 낸다

상관관계에 있는 두 변수가 꼭 인과관계에 있다고 볼 수 없는 두 가지 이유가 있다. 첫째, 두 변수 모두에 영향을 미치는 세 번째 변수가 있을 수 있다. 둘째, 인과관계가 양방향으로 가능할 수 있다. 여기서 세 번째 변수는 간단하게 시간이라고 이해할 수 있다.

최초의 두 변수는 어떤 이유에서건 동향의 영향을 받는다. 2021년 4월 많은 언론이 전 세계 열대 우림 현황과 코로나19와 같은 동물 매개 감염병 간의 강한 음의 상관관계를 밝힌 프랑스 생의학자 세르주 모랑Serge Morand과 클레어 라조니Claire Lajaunie의 연구를 보도했다.

연구를 보면 1990년에서 2016년까지 열대 우림으로 덮인 지구 표면적은 꾸준히 감소했고, 동물에서 비롯한 다양한 감염병의 전염 물결은 꾸준히 거세졌다.[1] 두 변수는 자연스럽게 음의 상관관계를 가진다. 이는 일부 언론이 「삼림벌채가 감염병 확산을 촉진한다는 명백한 발견」, 「동물 매개 감염병을 부추기는 삼림벌채」, 「벌채와 감염병의 관계를 증명한 연구」와 같은 자극적인 제목의 기사를 쓰는 데 좋은 먹잇감을 주었다.

열대 우림 벌채가 인간과 환경에 미칠 수 있는 부정적인 영향은 토론할 필요도 없이 분명하다. 하지만 여기에 언급한 연구에서 인과관계를 추론해내는 것은 처음부터 불가능하며, 연구진조차도 인과관계를 밝히려고 한 적이 없다.

그림 2.2 도표를 보면 전 세계 빈곤 감소나 선진국의 국채 증가도 열대 우림 면적 감소가 원인이라고 말할 수 있을 것이다. 열대 우림이 사라지며 빈곤도 사라지고 있기 때문이다.

조금 더 들어가면 산림 면적과 빈곤율의 상관계수는 최댓값 1에 가까운 0.973에 달한다. 이는 상관관계를 가진다고 해석할 수 있다. 또한, 산림 면적과 국가 부채 사이에는 음의 상관관계가 있고 상관계수는 -0.844로써 최솟값 -1에 가깝다. 이처럼 강한 상관관계는 언론이 터무니없는 보도를 할 만한 이유를 제공한다.

인과관계가 없는 상관관계를 '허위 상관' 또는 '무의미 상관'이라고 한다. 상관관계에 있는 두 변수가 인과관계를 이루지 않는 가장 주된 이유는 두 변수가 시간의 흐름에 따라 일정하게 같은 방향으로 혹은 대치하는 방향으로 움직이기도 하기 때문이다. 앞서 같은 방향으로 움직이면 양의 상관

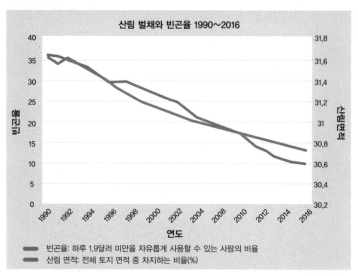

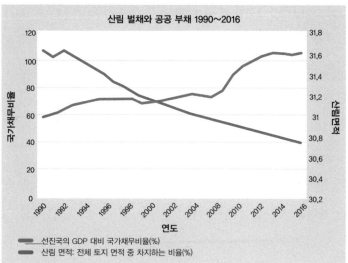

그림 2.2: 27년간 산림 벌채, 빈곤율, 국가 부채 현황.

관계, 대치하는 방향으로 움직이면 음의 상관관계라고 했다. 양의 상관관계처럼 보이는 무의미 상관의 대표적인 예는 청소년의 발 크기와 지능이다. 나이가 들수록 발이 커지고, 지능 검사에서 더 높은 점수를 받기 쉽다.

《이달의 잘못된 통계》에서도 다룬 적 있는 코로나19 관련 무의미 상관은 2021년 연말에 언론과 소셜 네트워크 이용자의 이목을 집중시켰었다. 연구자가 나중에 직접 철회한 「접종률이 높아질수록 초과 사망률도 올라간다」라는 연구는 각 연방주의 초과 사망률과 예방 접종률 사이에 상관계수 0.31을 갖는 양의 상관관계가 있음을 보여줬다.

이 연구는 초과 사망률을 구하기 위해 2016년부터 2020년 사이 같은 기간 5주 동안의 평균 사망자 수를 비교하고, 통상 수준을 초과하여 발생한 사망을 초과 사망률로 정의했다. 처음 설정한 5주 동안의 사망자 수와 접종률 사이에는 실제로 양의 상관관계가 있었지만, 다른 기간의 5주를 비교해 보니 음의 상관관계가 있었다.

그렇다면 양의 상관관계는 어째서 나타난 걸까? 실제로는 예방 접종이 초과 사망률을 감소시키지만, 고려되지 않은 다른 요인이 양의 상관관계를 띄게 만들었을 수 있다. 이 현상에 대한 예를 살펴보자.

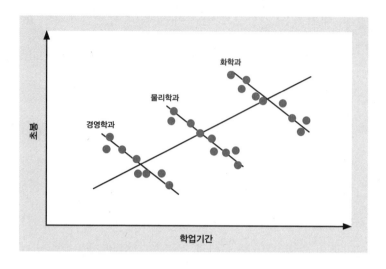

그림 2.3 음의 인과관계이지만 양의 상관관계를 가지는 두 변수의 예.

경제 일간지 《한델스블라트Handelsblatt》가 「므두셀라가 더 많은 돈을 번다」라는 제목으로 학업 기간과 학위 소지자의 급여에 관한 기사를 쓴 적이 있다. 기사는 대학교에서 오래 공부한 사람이 초봉을 더 많이 받는다고 주장했다. 학업 기간과 초봉 사이에는 실제로 양의 상관관계가 있었다. 하지만 그림 2.3에서 볼 수 있듯 양의 상관관계는 설문 조사 참여자의 전공을 고려하지 않았기 때문에 성립할 수 있었다. 응답자의 전공을 세부적으로 살펴보면 학업 기간과 초봉에서 음의 상관관계를 보이는데도 모든 전공을 통틀어 도표로 나타내면, 두 변수의 관계가 양의 상관관계로 둔갑한다. 이러한 효과를 통계에서는 '심슨의 역설Simpson's paradox'이라고 한다.

무엇이 무엇에
영향을 끼치는가?

상관관계를 잘못 해석하는 두 번째 이유는 변수 a가 b에 영향을 미치는지 또는 그 반대인지가 명확하지 않기 때문이다. 캐나다 워털루 대학교 연구진은 우리가 오랫동안 알고 있었던 사실을 끝내 증명해 냈다고 믿었다. 언론은 「우리를 멍청하게 만드는 스마트폰」, 「구글을 오래 이용할수록 멍청해진다」, 「생각하기보다 간편한 구글 검색」, 「스마트폰인가, 바보폰인가」, 「스마트폰의 위력」이라는 제목으로 연구를 적극적으로 보도했다.[2] 《이달의 잘못된 통계》는 이 보도들을 요긴하게 활용했다.

연구진은 캐나다 성인들을 대상으로 설문 조사를 했다. 당시 모든 성인이 스마트폰을 소유한 것은 아니었기 때문에 설문 조사 참여자의 스마트폰 소유 여부를 물었고, 소유하고 있다면 구글과 같은 검색 엔진이나 페이스북 같은 소셜 네트워크에 얼마나 많은 시간을 할애하는지, 또는 스마트폰 게임을 몇 시간이나 하는지 물었다. 마지막으로 참가자들은 논리적 사고력 문제를 풀었다.

스마트폰 소지자와 미소지자 사이에는 논리적 사고력 차이가 없었다. 마찬가지로 소셜 네트워크에서 시간을 많이 보내는 사람과 그렇지 않은 사람, 스마트폰 게임을 오래 하는 사람과 그렇지 않은 사람 사이에도 차이가 없었다. 단, 검색 엔진에서 시간을 오래 보내는 사람은 사고력 문제에서 낮은 성과를 보였다.

연구 결과는 구글이 우리를 디지털 치매로 몰아가는 것을 증명할 수 있을까? 그럴 수 없다. 영향을 미치는 방향이 완전히 달라질 수 있기 때문이다. 예를 들어 이해가 더딘 사람이나 일반 교육 수준이 낮은 사람은 검색 엔진에 의존할 가능성이 더 클 수도 있다. 또 다른 연구 결과도 구글이 지능을 떨어뜨린다는 소문은 실제로 가능성이 작음을 증명했다. 스마트폰으로 구글 검색을 하는 일이 논리적 사고를 약화한다면, 스마트폰 미소지자는 더 좋은 성과를 내야 했지만 두 집단은 서로 전혀 차이가 없었다. 이 경우에도 연구진은 연구를 보도하는 언론보다 인과관계에 대해 조심스러운 태도를 보이며 두 변수 사이의 연관성은 분명하지 않다고 명시했었다.

과학적 접근 방식의
좋은 예

인과관계를 증명할 수 있기는 한 걸까? 증명할 수 있다면 어떻게 증명할 수 있을까? 마스크 착용과 코로나 감염의 연관성을 놓고 이루어진 논의는 질서정연한 과학적 접근 방식의 좋은 예를 보여준다.[3] 다음을 보면 시간의 경과에 따라 독일 내 마스크 착용 권장 사항이 어떻게 바뀌었는지 알 수 있다.

〈2021년 상반기 시기별 마스크 착용 권고 사항〉

1월
- 코로나가 여러 나라에 퍼지기 시작했을 때 세계 보건 기구 WHO는 모든 사람이 마스크를 착용할 필요는 없다고 명시했다.
- 로버트 코흐 연구소는 아시아 국가에서는 아픈 사람이 도의적으로 마스크를 착용한다고 보고했다.
- 바이러스 학자 크리스티안 드로스텐Christian Drosten은 2002~2003년 사스SARS 전염병과 관련된 연구를 언급하며

FFP3 마스크에 보호 효과가 있고, 수술용 마스크 착용으로는 접촉 감염만 줄일 수 있다고 주장했다.

- 전 보건부 장관 옌스 슈판Jens Spahn은 "바이러스는 호흡을 통해 전염될 수 없으므로 마스크는 필요 없다"라고 발표했다.

2월

- 독일 약사 협회 연방 연합ABDA은 건강한 사람은 마스크를 착용할 필요가 없다고 지적했다.

- 로버트 코흐 연구소는 건강한 사람이 마스크 착용을 통해 감염 위험을 크게 줄일 수 있다는 증거가 불충분하다고 보고했고, 세계 보건 기구의 연구를 언급하며 마스크를 착용하면 잘못된 안전감이 생겨 개인 위생에 소홀해질 수 있다고 설명했다. 전문가들은 이 의견에 동의하며 공기 중에 떠다닐 것으로 추정되는 바이러스를 피하려고 건강한 사람이 거리에서 마스크를 착용하는 것은 터무니없다고 거듭 강조했다.

3월

- 바이러스 학자 크리스티안 드로스텐은 모든 사람이 마

스크를 착용할 때 비로소 마스크 착용의 의미가 생긴다고 설명하면서도, 마스크 착용은 건강한 사람을 보호할 수 없다고 지적했다. "받아들이는 방식에 따라 다르겠지만, 데이터를 보면 마스크 착용이 감염 예방에 도움이 될 수 있다는 증거가 거의 없습니다."

– 로버트 코흐 연구소는 집에서 직접 만든 마스크도 급성 호흡기 감염 환자에게 도움이 될 수 있다고 밝혔다. 하지만 마스크 착용이 건강한 사람의 감염 위험을 크게 줄인다는 증거는 불충분하다고 확언했다.

– 30일. 오스트리아가 마트 내 마스크 착용을 의무화했다. 세계 보건 기구는 아프지 않은 이상 마스크를 착용하지 않는 것이 더 낫다고 권고했다.

– 31일. 예나Jena에서 4월 6일부터 마트 내 마스크 착용을 의무화할 것이라고 발표했다. 국립 공보험 의사 협회장 안드레아스 가센Andreas Gassen은 마스크 착용 의무화는 순전히 정치적 도구로 이용되고 있으며, 잘못된 안도감을 퍼뜨릴 뿐 감염 예방에 전혀 도움이 되지 않는다고 비판했다.

4월

– 1일. 바이러스 학자 알렉산더 케쿨레Alexander Kekulé는 수술

용 마스크도 감염 예방에 도움이 될 수 있으며, 100퍼센트 확실하지는 않아도 자신과 타인을 바이러스에서 보호할 수 있다고 설명했다.

– 2일. 로버트 코흐 연구소는 실외에서라도 특정한 상황에서는 마스크를 착용할 것을 강력히 권고했다.

– 15일. 독일 연방 정부는 마스크 착용을 강력히 권고했지만 의무화하지는 않았다.

– 17일. 작센주는 연방주 중 처음으로 마스크 착용을 의무화했다. 20일부터 22일 사이 다른 모든 연방주에서도 마스크 착용을 잇달아 의무화했다. 옌스 슈판 전 보건부 장관은 "달라진 과학 지식에 따라 사람 간 거리를 유지하고, 위생 규칙을 준수하며, 특정 상황에서는 매일 마스크를 착용하는 것이 바람직합니다"라고 발표했다.

2020년 2월까지만 하더라도 세계 보건 기구, 로버트 코흐 연구소, 저명한 바이러스학자들은 마스크를 불필요할 뿐 아니라 위험하다고 여겼다. 당시 코로나바이러스가 공기로 전염되는지 접촉으로 전염되는지 알려진 바가 거의 없었고 마스크 착용으로 인해 잘못된 안전감이 생겨나면 손 소독과 같은 다른 위생 조치를 소홀히 할 수도 있다고 염려했기 때문이다. 또 마스크 효과에 대한 과학적 증거가 부족하다는 지적도 여러 번 있었지만, 시간이 흐르며 과학 지식이 달라짐에 따라 마스크 착용이 권고되었다.

인과관계를 밝히기 위한 가장 좋은 방법은 계획된 실험이다. 계획된 실험은 르네상스에서 처음 이루어졌다. 갈릴레오 갈릴레이의 실험이 가장 유명한 일화일 것이다. 무엇보다도 시대를 앞서는 과학적 실험 방식을 발전시킨 갈릴레이는 근대 자연과학의 창시자로 여겨진다.

그의 과학 실험 방법의 중심에는 통제된 실험이 있었다. 통제된 실험 수행이 비교적 수월한 자연과학과 비교하면 인간과 관련이 있는 의학, 전염병학, 경영경제학, 사회과학 분야에서 통제된 실험은 복잡한 편이지만 자연과학에서와 비슷한 실험도 가능하다. 이 실험을 무작위 배정 임상시험 또는 무작위 실험이라고 한다.

중요한 것은 실험을 무작위로 수행하는 것이다. 무작위로 실험 참가자를 두 집단으로 나누어 한 집단은 마스크를 착용하게 하고 다른 집단은 마스크를 착용하지 않게 한다. 그리고 어떤 집단이 더 자주 코로나에 감염되는지 추적한다. 참가자를 무작위로 배치했을 뿐만 아니라 집단의 성질을 나타내는 표본까지 충분한 경우, 마스크 착용 여부와 같이 연구에 필요한 특성에 대해서만 집단 간 차이가 있다는 것이 확실해진다. 물론 이상적인 경우에만 확실한 차이를 알 수 있다. 실제 실험에서는 여러 가지 이유로 무작위화에 어려움이 생긴다. 예를 들어 실험군 참가자가 가끔 마스크를 착용하지 않거나 대조군 참가자가 한 번씩 마스크를 착용하는 등 일부 참가자가 실험 계획을 준수하지 않고 실험 중 참가자 자격을 박탈당할 때 문제가 발생한다.

2020년 말까지도 마스크 착용과 코로나 감염의 연관성을 밝히는 실험 결과는 없었다. 2020년 11월 무작위화하지 않은 연구가 처음으로 발표되었다. 이후에 나온 첫 무작위 연구는 올바른 실험적 접근 방식에도 불구하고 논란이 있었다. 덴마크에서 수행한 실험에서 얻은 결과를 다른 나라에도 적용할 수 있는지 의문이었고, 실험 계획을 철저하게 지키지 않은 실험군 참가자가 많은 실험이었다. 또한, 당시 덴마크에서는 또 다른 감염 예방 조치를 시행하고 있었기 때문에 마스크 착용의 효과만을 알아낼 수 없었다.

그래서 2021년 초 마스크 착용 효과 연구는 독감과 같이 다른 감염병에 대한 마스크 착용 효과 연구를 참고했지만, 이 연구도 별다른 결과를 내놓지는 못했다. 마스크가 새로운 종류의 바이러스를 막을 때도 똑같은 효과를 가지는지 불분명했고, 대부분 병원과 요양 병원 종사자를 대상으로 조사했기 때문이다. 로버트 코흐 연구소와 전문가는 당시 연구 상황의 관점에서 봤을 때 정확하게 진술했다. "마스크 착용이 코로나 감염을 예방한다는 주장을 뒷받침하는 충분히 신뢰할 수 있는 실험 증거가 전혀 없습니다."

하지만 과학은 다양한 분야를 넘나들며 아주 민첩하게 대응했다. 사람을 무작위화하는 실험 외에도 어떤 마스크가 에어로졸의 확산을 가장 많이 방지하는지 실험하는 연구도 있었다.

우연히 일어난
자연 실험

마스크 착용과 코로나 감염의 연관성을 밝히기 위한 이른바 자연 실험도 있었다. 자연 실험과 계획된 실험의 유일한 차이는 실험자가 아니라 '자연'이 참가자를 실험군과 대조군으로 나눈다는 점이다. 두 실험 모두 참가자는 집단을 직접 고를 수 없고 원하든 원하지 않든 무작위로 배치받는다.

코로나 팬데믹과 관련한 자연 실험은 세계의 다양한 나라와 독일의 다양한 각 연방주에서 서로 다른 시기에 마스크 착용을 의무화했을 때 일어났다. 지역마다 감염 양상이 달라서 서로 다른 시기에 마스크 착용을 의무화한 것이 아니라는 가정하에 마스크 착용을 아주 일찍 의무화한 지역과 늦게 시행한 지역, 또는 아예 시행하지 않은 지역의 감염 양상을 비교하여 마스크가 감염 가능성에 미치는 인과적 영향을 추론했다. 그리고 마스크를 착용함으로써 자신과 주변 사람을 코로나 감염에서 지킬 수 있다는 사실은 지금까지 다양한 시기에 다양한 나라와 다양한 분야에서 다양한 방법으로 증명되었다.

3장
답이 정해져 있는
설문 조사

2011년 연방 보건부는 독일 국민 56만 명이 인터넷 중독이며, 인터넷 사용에 문제가 있는 이용자는 250만 명에 달한다는 경악스러운 수치를 발표했다. 연구에 따르면 특히 젊은 사람들이 디지털 기기에 높은 의존도를 보였다. 연구에 따르면 인터넷 중독자는 결과적으로 자기 통제력을 잃거나 금단 증상에 시달리게 된다.

하지만 이 연구는 한두 군데가 석연치 않다. 첫째, 측정이 틀렸다. '인터넷 중독'이란 무엇인가? 인터넷 중독을 보편적으로 정의할 수 있는가? 의료 전문가들은 인터넷 중독을 독립적 질병으로 구분할 수 있는지, 인터넷은 그저 개인 문제와 우울증이 있는 사람들의 은신처는 아닌지 오랫동안 논쟁해왔다. 연방 보건부가 언급한 검사도 인터넷 중독이 무엇인지 설명하지 않고, 인터넷 중독 검사에서 측정하는 것이 인터넷 중독을 정의하는 척도인 것처럼 응답자에게 특정 질문을 하는 것이 전부였다.

　연구진이 인터넷 중독을 좁은 의미부터 넓은 의미까지 다양하게 정의해도 인터넷 중독 증상을 보인 응답자는 전체 1만 5,000명 중 약 250명, 즉 1~1.5퍼센트밖에 없었고, 그중 청소년의 비율은 성인보다 네 배 높았다. 《슈피겔 온라인Spiegel Online》은 「수십만 명의 인터넷 중독자」라는 제목으로 연구 결과를 보도했다.[1] 이 숫자는 연구에 전혀 등장하지 않는다. 작은 숫자를 바탕으로 큰 인구에 비례하는 값을 추정하면 모기처럼 작았던 숫자가 금방 코끼리만큼 커져 버린다. 그리고 알다시피 코끼리는 수명이 길다. 인터넷 중독 연구를 수행하고 5년이 흐른 후에도 바이에른 연방 보건부는 "전문가가 추측하기를 성인 1~2퍼센트와 청소년 약 5퍼센트는 인터넷 중독에 빠져있다"라고 연구를 거론하며 '증가하는 인터넷 중독의 위험'을 경고했다.[2] 수년 동안 그대로인 인터넷 중독자의 비율을 언급하며 어떻게 인터넷 중독의 위험이 증가하고 있다고 해석할 수 있는지 의문이다.

56만 명이라는 숫자와 비교하면 작지만 그래도 충격을 안겨준 숫자가 있다. 일간지 《베스트도이체 알게마이네 차이퉁Westdeutsche Allgemeine Zeitung》이 코로나로 인해 「어린이 자살 시도가 극적으로 증가했다」라는 기사를 보도했다.[3] 에센 대학교 병원 연구에 따르면 어린이 자살 시도율이 400퍼센트 증가하여 어린이 '최대' 500명이 2021년 3~5월에 자살을 시도하고 중환자실에서 치료받고 있다는 내용이었다.

연구진은 소아 집중 치료실 27개 병동에서 행해진 중환자 치료 93건을 조사했는데 코로나와 직접적인 연관성을 증명하기 어렵다.[4] 한 연구자는 인터넷 신문 《포커스 온라인Focus Online》과의 인터뷰에서 "450~500에 이르는 숫자는 추정치입니다. 숫자 자체는 별로 중요하지 않으니까요"라고 이야기했다.[5]

숫자가 별로 중요하지 않다니, 이 연구자는 완전히 틀렸다. 추정치에 포함된 소아 집중 치료실에는 신생아실도 있었다. 자살 시도를 한 청소년을 신생아실에서 치료할 가능성이 얼마나 될까? 게다가 연구진은 아이들이 실제로 자살 시도로 치료를 받은 건지 사고를 당했는지 확실하게 조사하지 않았다. 2년 넘게 지속된 팬데믹으로 인해 아이들에게 돌아간 부담을 부정하려는 것이 아니다. 하지만 이런 미심쩍은 연구를 통해 그 부담을 증명하려는 것은 통계적으로 틀린 데다가 부정직하기까지 하다.

어디에서 나온
숫자인가

작은 숫자뿐 아니라 큰 숫자에서 평균값을 구하는 추정에도 함정이 숨어 있다. 학교 중퇴자는 자기 자신뿐만 아니라 사회에도 해를 끼치는 모양이다. 베르텔스만 재단Bertelsmann-Stiftung 연구에 따르면 브레멘시의 학교 중퇴자율을 50퍼센트 줄이면, 브레멘의 연간 범죄 대응 사회적 비용을 주민당 35.11유로 절약할 수 있다고 한다. 브레멘보다는 적지만 베를린도 연간 주민당 33.46유로를 줄일 수 있다고 발표했다. 2019년 전체 실업계 중학교 중퇴자 수를 절반으로 낮출 수 있었다면, 같은 해 강도 1만 3,415건, 살인 및 과실 치사 416건이 덜 발생하여 총 14억 2,000만 유로(약 1조 9천억 원)를 절약했을 것으로 추정했다. 이 돈을 16이라는 연방주 수로 나누고, 각 주의 주민 수로 또 나눠서 브레멘은 35.11유로, 베를린은 33.46유로라는 계산이 나왔다.

이 계산은 틀렸다. 정신없이 소수점 자리까지 길게 늘어진 숫자는 뒤로하고, 살인과 과실 치사로 인한 후속 비용을 대략 산정해 보자. 먼저 피해자 한 명에 해당하는 비용을 알아야 한다. 베르텔스만 재단은 대략 150만 유로(약 21억 원)로 측정했다. 터무니없는 가정이다. 인간의 생명이 갖는 경제적 가치를 다루는 두꺼운 경제 이론 논문이 있기는 하지만 그것은 우리가 생존 확률을 1년에 1퍼센트 높이기 위해 각자가 기꺼이 지불할 수 있는 비용을 뜻한다.

다음으로 '학교 중퇴자 수를 반으로 줄였다면 도대체 몇 명의 피해자를 살릴 수 있었을까?'라는 질문이 생긴다. 경찰이 제공한 범죄 통계를 살펴보자. 해당 연도에 만 14~18세 청소년 392명이 중범죄를 저질렀다. 여기서 최대한으로 치더라도 절반은 의무 교육이 끝나는 만 15세 이상이기 때문에 우리가 이야기하고 있는 청소년 범죄에서 제외해야 한다. 즉, 대략 200건의 살인과 과실 치사가 실업 중학교를 중퇴한 청소년에 의해 일어난 것이다. 베르텔스만 재단이 제시한 모델에 따르면 절반에 불과한 것이다.

큰 숫자를 쉽게 상상할 수 있는 숫자로 환산하는 방법은 여러 분야에서 즐겨 사용된다. 우리가 소비하는 물의 양을 보여주는 이른바 '물 사용량 생태 발자국'을 함께 살펴보자. 세계 자연 기금World Wide Fund for Nature, WWF은 「독일의 물 소비량,

우리가 먹는 음식에 포함된 물은 어디서 오는 것일까?」라는 제목의 연구를 발표했다.[6] 매일 마시고, 씻고, 화장실 물을 내릴 때 쓰는 평균 물의 양과 음식과 의복을 만드는 등 간접적으로 소비한 대략적인 물의 양을 합쳐서 계산한 결과 우리는 5,000리터라는 양심의 가책을 느끼기에 충분한 양의 물을 매일 소비한다.

하지만 그 전에, 독일에서 무엇이 매일 소비되는지, 이 재화가 물을 비교적 많이 소비해서 생산하는 나라와 절약해서 생산하는 나라 중 어디에서 수출돼 독일로 오는지 알아야 한다. 즉 소비 데이터 또는 무역 데이터를 기준으로 추정치를 계산할 때 어떤 데이터가 기준이냐에 따라 비교적 큰 차이가 생긴다. 웹 사이트 'Waterfootprint.org'는 독일 내에서 생산하는 재화에 연간 물 600억 세제곱미터가 필요하고, 수입품에는 670억 세제곱미터가 필요하다고 발표했지만, 세계 자연기금은 독일 국내산에는 물 800억 세제곱미터, 수입품에는 795억 세제곱미터가 필요하다고 다르게 '산정'했다. 하지만 세계 자연 기금이 사용한 데이터는 서로 다른 해에 만들어졌고, 연도별로 수백 퍼센트의 차이가 난다.

국내산과 수입품 생산에 필요한 물의 양을 더하면 1,595억 세제곱미터라는 소수점 앞자리가 열두 개나 되고, 아무도 제대로 상상할 수 없을 만큼 큰 숫자가 된다. 세계 자연 기금은 상상할 수 없이 크고 부정확한 숫자를 두 가지 정확한 숫자, 즉 365라는 날수와 8,200만이라는 독일 전체 인구로 나눠서 이해할 수 있도록 작게 만들었다. 이렇게 한 사람이 소비 행동을 통해 매일 사용하는 물의 양 5,288리터라는 숫자가 탄생했다.

살펴본 대로 추정이라는 계산 방식은 롤러코스터를 타듯 서로 다른 연도와 계산 방법을 뒤섞고, 짝이 맞지 않는 숫자를 서로 짝지어 계산하는 데이터 오류가 가득한 방법이다. 하루 물 소비량이 4,000리터든 2,000리터든 충격적인 숫자인 것은 확실하다. 그런데 우리가 소비하는 물의 양이 애초에 문제가 되기는 하는 것일까?

예를 들어 소비하는 전체 물의 양에서 비의 비율이 어느 정도인지도 명확하지 않다. 하지만 공포 분위기를 조성해야 효과가 나타난다. 그러는 사이 물 절약 압박으로 독일의 많은 지역 수도관에 기준치 이하의 물이 흘러서 식수 품질이 저하되었다고 연방 환경청이 지적했다.

자동차 운전의 사회적 비용은 제대로 계산되었을까? 유럽 녹색당Europäische Grüne Partei의 의뢰를 받은 드레스덴 공과대학교는 유럽 철도 협회가 네덜란드 환경 컨설팅 기관에 의뢰한 연구를 기반으로 유럽 연합 전역의 자동차 외부 비용을 3,730억 유로로 추정했다.[7] 그중 독일의 자동차 외부 비용은 약 90억 유로에 달한다. 유럽 연합 국가의 자동차 한 대가 발생시키는 연평균 사회적 비용 1,600유로는 개인이 아닌 사회가 부담한다. 자동차 운전은 소음, 배기가스, 사고를 일으키며, 이로 인해 사람이 죽기도 한다.

위에서 살펴본 것처럼 목숨값을 정확히 매길 수는 없어도 생명에는 가치가 있다. 하지만 명백하게 사고로 목숨을 잃지 않는 이상 자동차 운전으로 인한 사망자 수는 명확하지 않다. 게다가 자동차 운전은 기후에도 나쁜 영향을 미치는데, 예를 들어 이산화탄소 배출 때문에 추가로 비용이 발생한다. 세계 기후 연구소는 이산화탄소 1톤당 평균 33유로의 비용이 발생한다고 발표했고, 드레스덴 공과대학교의 연구는 이 수치가 너무 낮다고 비판하며 1톤당 최소 72유로, 더 적절하게는 252유로의 비용이 발생한다고 주장했다.

자동차 운전 때문에 직접 비용과 간접 비용이 발생하는 것은 당연한 사실이고, 이미 정치계에서 논의한 것처럼 특정 구간의 통행세를 운전자가 부담하는 등 직·간접 비용 부담을 함께 덜어야 한다는 점도 분명하다. 하지만 난해한 숫자들을 늘어놓는다고 해서 논의가 진척되는 것은 아니다.

추정의 오류를 좀 더 살펴보자. 통계상 매년 독일의 도로에서 노루는 2킬로미터마다 한 마리, 살쾡이는 3킬로미터마다 한 마리가 죽는다.[8] 이 사실을 몇 명이나 알고 있었을까? 일간지 《쥐트도이체 차이퉁Süddeutsche Zeitung》이 한 유럽 연구를 인용하여 '전쟁터 같은 도로'에 대해 쓴 기사 내용이다. 기사에 따르면 들꿩은 도로 교통으로 인해 매년 1킬로미터마다 0.2마리씩 죽어서 멸종 위기에 처하기까지 했다고 한다.

하지만 들꿩이나 살쾡이는 독일의 특정 지역에만 서식할 뿐더러 그곳에는 도로도 별로 없다. 이상한 데이터이긴 하지만 약 5,000마리로 추정되는 독일 내 모든 살쾡이와 총길이 23만 킬로미터의 독일 내 모든 도로를 연관 지어 검토해 보자. 통계대로라면 1년 안에 독일에 서식하는 모든 살쾡이가 차에 치여 죽어야 하는데 그렇다면 약 50킬로미터마다 한 마리가 차에 치여 죽는 셈이다. 명확하게 다시 정리하면 독일에는 《쥐트도이체 차이퉁》의 보도가 사실일 만큼 살쾡이가 많지 않다. 들꿩도 마찬가지다.

하지만 기사를 처음 읽는 순간에는 아마 다르게 생각할 수밖에 없을 것이다. 특히 로드킬 경험이 있고, 죽어가는 노루의 눈을 들여다본 적이 있다면 더욱 그럴 것이다.

동물 중 특히 새는 길에서만 죽지 않는다. 창문에 부딪혀 죽는 새도 있고, 풍력 발전기 날개에 부딪혀 죽는 새도 있다. 아주 정확한 정보를 가진 것처럼 보이는 웹 사이트 'energiewende.eu'에 따르면 연간 약 7,000만 마리의 새가 도로와 철도에서 죽고, 1,800만~1억 1,500만 마리는 창문에 부딪혀서 죽으며, 2,000만~1억 마리는 집고양이에게 사냥당해 죽는다. 그뿐만 아니라 연간 지빠귀 새 16만 마리가 우스투 바이러스Usutu Virus에 감염돼 죽고, 10만 마리는 풍력 발전기 날개에 부딪혀 죽는다.[9]

사실일까? 죽은 새를 일일이 세어본 사람이 과연 있을까? 아마 없을 것이다. 아무리 철저하게 조사해도 불가능한 일이다. 새의 사체를 바로 발견하고 곧바로 세지 않는 이상 사체 위를 경작기 같은 농기구가 지나가기도 하고, 사체가 다른 동물의 먹이가 되기도 한다.

브란덴부르크 환경청은 30년간 독일 전역에서 풍력 발전기와 충돌하여 죽은 붉은 솔개 600마리를 세고 자료를 만들었다. 자료에 따르면 풍력 발전기로 인해 죽은 모든 새의 7분의 1이 붉은 솔개였다. 즉 죽은 새를 실제로는 4,000~5,000마리밖에 세지 못했다는 뜻이다. 이 숫자는 연간 10만 마리의 새가 죽는다는 추정치와 전혀 맞지 않는다. 죽은 새와 같은 데이터는 수집이 매우 어렵기 때문에 매년 독일에서 풍력

발전기로 인해 얼마나 많은 새가 죽는지에 대한 신뢰할 만한
답은 없다.

믿을 수 없는
동향

2017년 5월 많은 언론은 농업에 사용되는 제초제 사용량
증가를 경고했다. 일간지 《베를리너 차이퉁Berliner Zeitung》은 「3
만 4,000톤 이상, 제초제를 점점 더 많이 찾는 농부들」이라
는 기사를 보도했다.[10] 하지만 독일에서 판매되는 제초제 양
은 날씨와 가격의 영향을 받아 시기별로 연간 3만~3만 5,000
톤의 차이가 난다(그림 3.1 참조). 예를 들어 2009년(30,162톤)과
2015년(34,273톤)을 비교하면 증가하는 동향이 나타나고, 2008
년(34,664톤)과 2014년(34,515톤)을 비교하면 감소하는 동향이
나타난다. 2019년에는 더 강한 감소세를 보이는데, 농업 산
업 협회에 따르면 2019년에 농업 매출액이 감소했기 때문이
다.

상수 사이에서 변동하는 값을 시간순으로 볼 때, 도표에
보이는 계곡에서 시작하여 봉우리에서 멈추면 증가세가 드
러나고, 반대로 봉우리에서 시작하여 계곡에서 멈추면 감소

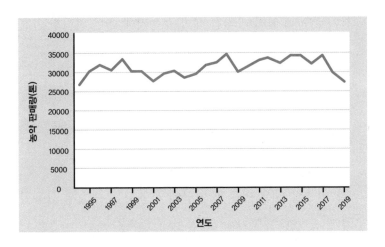

그림 3.1: 1994~2019년 독일 내 농약 판매량.

출처: 독일 내 식물 보호 제품 판매량. 2019년 식물 보호법 제64조에 따른 신고 결과. 연방 소비자 보호 및 식품 안전청, 2020, 표 3.2

세가 나타난다. 그림 3.1에서 볼 수 있듯 어느 시기를 비교하냐에 따라 서로 다른 진술이 만들어진다. 이런 해석은 잠재 고객의 지갑을 쉽게 열기 위해 투자 회사가 자주 쓰는 방법이다.

2021년 독일이 1990년 이후 온실가스를 가장 많이 배출했다고 보고한 정책 연구소 아고라 에네르기벤데$^{Agora\ Energiewende}$ (이하 아고라)도 같은 방법을 사용했다.[11] 이 보고는 소셜 네트워크와 몇몇 일간지, 텔레비전 방송에서 비판 없이 퍼져나갔다.[12] 도표만 놓고 보면 아고라가 틀린 보고를 한 것은 아니다. 아고라의 추정치에 따르면 2020년에는 7억 3,900만 톤에 해당하는 이산화탄소가 배출되었고, 이듬해에는 온실가스 2,000~7,300만 톤이 추가로 더 배출되었다. 1년 새 급격히 늘어난 배출량은 2020년 있었던 봉쇄 조치라는 배경과 함께 이해해야 한다. 2020년 이산화 탄소 배출은 코로나19로 인해 시행한 봉쇄 조치 때문에 1990년 이후 가장 강하게 감소했다. 2020년의 상황을 고려했을 때 2021년에 온실가스 배출량이 증가한 것은 당연한 일이다. 지난 금융 시장 위기 때도 이와 비슷한 양상이 나타났다. 금융 위기가 터졌던 2009년에 온실가스 배출량이 가장 획기적으로 줄었고, 이듬해 가장 많이 증가했다.

또한 독일 정부의 기후 목표를 고려한다면 연간 온실가스 배출 증가량을 관찰하는 것은 별 의미가 없다. 독일은 1990년을 기준으로 삼고 온실가스 배출 감소 목표를 세웠다. 1990년과 비교하여 온실가스 배출을 40퍼센트 낮추겠다는 2020년의 목표를 달성했지만, 코로나가 아니었다면 실패했을 것이다. 아니나 다를까 2021년 이산화탄소 배출은 다시 '평소' 추세로 돌아왔고, 온실가스 배출량은 아고라의 예측보다는 낮지만 정부의 절감 목표치를 웃돌았다. 따라서 1990년을 기준으로 2030년까지 온실가스 배출을 65퍼센트 줄이려는 목표를 이루기 위해 적절한 조치가 필요하다는 사실에는 변함이 없다. 위기 상황으로 인한 획기적 변동은 장기적 계획에 아무런 도움이 되지 않는다.

단어의
뜻이 변한다

장기적 양상에 주의를 기울이면 방금 살펴본 것과 같은 잘못된 해석을 피할 수 있다. 하지만 여기에도 함정이 도사리고 있다. 시간의 흐름에 따라 용어의 뜻이 달라질 수 있기 때문이다. 실업률 관련 회담에서 쓰일 법한 그림 3.2의 도표는 1951년 이후 독일 실업률의 장기적 양상을 보여준다. 얼핏 봤을 때는 아무런 문제가 없어 보인다. 이 도표에서 1990년 이전은 서독의 실업률, 1991년 이후부터는 통일 독일의 실업률을 가리킨다. 통일 전 동독의 실업 상황을 알려주는 수치가 없기 때문이다. 당시 동독에는 실업이라는 개념이 공식적으로 존재하지 않았다.

용어의 변화가 늘 명확하게 드러나는 것은 아니다. 일간지 《라이니쉐 포스트Rheinische Post》는 「질산염, 지하수에서 점점 더 많이 발견된다」라는 제목으로 녹색당과 정부의 회담 내

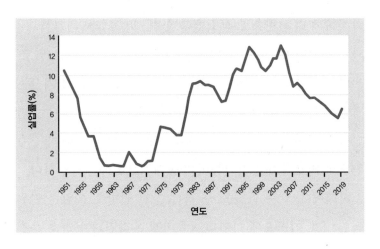

그림 3.2: 1951~2020년 독일 연방 공화국 실업률.
(1990년 이전: 서독만, 1991년부터 통일 독일)

출처: https://www.destatis.de/DE/Themen/Wirtschaft/Konjunkturindikatoren/Lange-Reihen/
Arbeitsmarkt/lrarb003ga.html

용을 보도했다.[13] 보도에 따르면 독일에서 가장 오염이 심한 열다섯 곳에서 측정한 평균 질산염 함량이 2013년부터 2017년까지 지하수 1리터당 약 40밀리그램 증가했다. 하지만 전체 지하수의 질산염 함량이 많아졌다는 뜻은 아니다. 첫째, 측정 지점이 다르기 때문이다. 2013년에는 독일 내 다양한 지역에서 측정했지만 2017년에는 2013년 조사 결과 질산염이 높게 나온 곳만 선택하여 측정했다. 2013년에는 측정했지만 2017년에는 측정하지 않은 지점의 질산염 수치는 2017년까지 오히려 절반으로 감소했다. 둘째, 2013년과 2017년의 결과를 비교할 때 2013년의 결과는 연평균 질산염 함량이었고, 2017년의 결과는 최대치였다. 《라이니쉐 포스트》의 기사는 가장 습한 15개 지역을 연도별로 비교하여 전국의 강수량 변화를 조사하는데 한 해는 평균값으로, 다른 해는 최대 강수량으로 비교하려는 것만큼이나 통계적으로 허무맹랑하다.

미디어에서 큰 관심을 끈 과속 운전 연방주 순위는 인위적인 통계 가공품에 가깝다. 《슈피겔 온라인》은 「과속 운전 연방주 순위: 자를란트주와 작센주민은 최악의 운전자」라는 제목의 기사를 보도했다.[14] 노르트라인베스트팔렌주 내무부에 따르면 2013년과 2014년을 비교했을 때 2013년에는 운전자 36명에 1명씩 속도를 위반했지만, 2014년에는 경찰을 2,000여 명 절감하고 속도 제한 구역도 1,000여 곳이나 줄였는데도 운전자 32명 중 1명이 속도위반으로 적발되었다고 한다.

정말로 과속 운전자가 늘어난 것일까? 이 보고에는 여러 가지 문제가 있다. 각 연방주의 서로 다른 교통 사정, 차량 밀도나 인구의 연령대 등을 고려하지 않는 한 과속 운전자 비율을 비교하는 것은 불가능하다. 먼저, 함부르크나 브레멘 같은 대도시는 교통 체증이 심해서 속도 위반율이 낮기 때문에 과속 운전자 비율도 별로 높지 않을 것이다. 또 속도 제한 구역을 줄이면 경찰은 속도 위반이 예상되는 구역에서 단속을 집중할 것이다. 그러면 당연히 경찰이 없고 속도 제한이 없는 지점에서 과속이 늘어날 것이다. 과속 운전 연방주 순위를 통해 관찰할 수 있었던 것은 속도 제한이 잦은 지역보다 제한이 비교적 드문 지역에서 속도 위반이 실제로 더 자주 일어난다는 것이었다.

누가 설문 조사에
응했을까

통계 데이터를 분석할 때 GIGO 원칙*이 생기는 원인은 모집단의 특징 일부분이 체계적으로 제외된 무작위 표본 때문이다. 《이달의 잘못된 통계》에서 자주 언급한 것처럼 인터넷 설문 조사는 특히 참여자가 자발적으로 설문 조사에 응하였을 때 대표성이 떨어진다. 《쥐트도이체 차이퉁》은 독일 대도시의 임대료가 비인간적으로 높은 수준임을 지적했다.[15] 5만 7,000명이 무작위로 설문 조사에 참여했고, 그중 3,000명은

---

* 'Garbage in, Garbage out'의 약어. 쓰레기가 들어가면 쓰레기가 나온다는 뜻으로, 전제에 문제가 있으면 논증에도 오류가 생긴다는 의미로 쓰인다.

개인적인 일화를 신문사에 제공했다. 하지만 자발적으로 참여한 설문 조사에서 추출한 무작위 표본으로 모집단의 모든 임대료 상황을 추론할 순 없다.

잡지《리더스 다이제스트Reader's Digest》도 이와 비슷한 실수로 '미국에서 지갑을 잃어버리면 내용물까지 다시 주인에게 돌아온다'는 내용의 기사를 실은 적이 있다. 내용물과 함께 돌려받은 경험이 있는 독자만 잡지사에 연락했고 잡지사는 이를 바탕으로 기사를 썼기 때문이다.《리더스 다이제스트》의 설문 조사가 특별한 일을 경험한 사람들의 참여를 끌어낸 것처럼《쥐트도이체 차이퉁》이 주관한 설문 조사는 사회적 어려움을 겪은 사람들의 적극적 참여를 불러일으켰을 것이다. 신문사는 설문 조사 방법을 소개하며 표본의 대표성이 떨어진다는 점을 미리 지적하기는 했지만, 데이터를 적절하게 평가함으로써 바로잡을 수 있었던 오류를 수정하지는 않았다.

다음으로 유럽 시민 80퍼센트 이상이 겨울에도 서머 타임 Summer time을 지속하는 데 찬성했다는 유럽 위원회의 인터넷 설문 조사를 살펴보자. 여기서도 표본의 대표성이 떨어진다. 설문 조사 참여가 자발적이었기 때문이다. 이는 통계학을 실생활에 적용하는 학문인 응용통계학에서 매우 논란이 많은 문제다. 겨울에도 서머 타임을 지속하고자 하는 사람들에게는 현행 시간 변경 제도가 개인적인 골칫거리이기 때문에 설문지를 작성하는 수고를 아끼지 않았을 것으로 추측해 볼 수 있다. 즉, 서머 타임이 끝나고 가을에 표준시를 다시 한 시간 뒤로 미루는 것을 반대하는 사람들이 설문 조사에 참여한 전체 참여자 450만 명 사이에서 지나친 대표성을 띠고, 무엇이든지 옛것 그대로 고수하려고 하거나 이 문제에 관심이 없는 사람들의 대표성은 지나치게 떨어지게 된 것이다. 설문 조사를 주관한 유럽 위원회조차 대표성을 언급하지 않았는데 많은 언론에서 설문 조사의 결과를 사리에 맞지 않게 해석하고 현 제도가 불편하다는 주장의 근거로 이용했다.

더 나아가 나라별 불균형한 참여도를 보아도 설문 조사의 대표성이 떨어짐을 알 수 있다. 참여자의 약 70퍼센트가 독일인이며, 프랑스인은 10퍼센트에 그쳤고, 영국인과 이탈리아인은 각각 1퍼센트도 채 되지 않는다. 그림 3.3에서 볼 수 있듯 이 불균형은 전체 인구가 나라별로 서로 다르기 때문이기도 하다.

대표성이 부족해서 신뢰할 수 없는 설문 조사의 예를 하나 더 살펴보자. 온라인 학습 사이트 두덴 런 어택Duden Learn Attack이 조사 기관에 의뢰한 설문 조사 결과에 따르면 독일 교사

그림 3.3 유럽 연합 주관 설문 조사의 국가별 참여 비율.

출처: 유럽연합 집행위원회 설문 조사

우리는 왜 숫자에 속을까

와 학생은 디지털 기술을 더 많이 활용하기를 원한다고 한다.[16] 교사 10명 중 9명은 수업을 위해 디지털 기기 지원을 원한다고 밝혔고, 교사 83퍼센트는 학생들이 예습과 복습에 온라인 자료를 더욱 활용했으면 좋겠다고 응답했다. 또, 교사 87퍼센트는 디지털 수업이 지속 가능하고 성공적인 학습에 큰 기회가 될 것이라고 기대했다. 이렇게 명확한 결과는 영국 시장 조사 기관 유고브YouGov에서 학생, 교사, 학부모 전체 1,111명을 대상으로 시행한 설문 조사를 기반으로 한다. 하지만 여기서도 표본이 대표성을 갖지 못하는데, 설문 조사 대상이 인터넷에 익숙한 사람들에게만 국한되어 응답자 중에 '컴맹'이 없기 때문이다. 따라서 이 결과를 바탕으로 독일의 모든 교사와 학생의 사정을 추론하는 것은 쾰른 대성당 미사에 참석한 사람들을 표본으로 전체 독일 국민의 종교를 추론하는 것만큼 터무니없다.

애석하게도 참여 여부를 자발적으로 결정하는 인터넷 설문 조사는 늘 인기가 많다. 저렴하기도 하고, 인터넷에서 쉽게 찾아볼 수 있기 때문이다. 2018년 10월 연방 노동사회부가 독일의 플랫폼 노동 또는 크라우드 워킹Crowd working 규모가 예상보다 훨씬 크다고 발표했다. 독일 성인 약 5퍼센트가 크라우드 워킹 플랫폼에서 활동하고, 그중 70퍼센트는 크라우드 워킹으로 수입을 얻는다고 한다.[17] 하지만 이 설문 조사도 인터넷상에서만 이루어졌기 때문에 신뢰도가 떨어진다. 설문 조사 기관 씨베이Civey는 설문 조사로 연결되는 위젯을 수많은 웹 사이트에 배치했고, 크라우드 워커Crowd Worker가 설문 조사에 불균형적으로 많이 참여했다. 연방 노동사회부의 의뢰로 직전 연도에 실시한 설문 조사에는 대표성을 갖는 표본 만 명 이상이 참여했고 그중 인터넷에서 일감을 받아 업무를 수행하는 성인은 1퍼센트 미만이었다.[18] 아무래도 1년 안에 크라우드 워킹의 규모가 이토록 폭발적으로 증가하지는 않았을 것이다.

녹색당은
SUV를 탄다

설문 조사에 참여하지 않은 집단을 파악하면 표본에 오류가 있음을 한눈에 알 수 있다. 주간지 《프랑크푸르트 알게마이네 존탁스차이퉁Frankfurter Allgemeine Sonntagszeitung, FAS》이 설문 조사 비참여자에게 좀 더 주의를 기울였다면 동맹90/녹색당 Bündnis90/Die Grünen(이하 녹색당) 지지자가 다른 정당 지지자보다 SUV를 더 많이 탄다는 오보를 피할 수 있었을 것이다. 신문은 시장 조사 및 컨설팅 회사 풀스puls가 1,042명을 대상으로 조사하고, 당시에는 아직 발표하지 않았던 결과를 근거로 기사를 썼다. 설문 조사에 따르면 녹색당 지지자가 16.3퍼센트의 비율로 가장 많이 SUV를 소유하고 있거나 구매할 예정이었고, 다음으로 사회민주당Sozialdemokratische Partei Deutschlands, SPD 지지자 16.0퍼센트, 독일을위한대안Alternative für Deutschland, AfD 지지자 15.9퍼센트, 기독교민주연합Christilich Demokratische Union Deutschland, CDU과 사회연합동맹Christlich Soziale Union, CSU 지지자 15.6퍼센트, 자유민주당Freie Demokratische Partei, FDP 지지자 13.4퍼센트, 좌파당 Die Linke 지지자 7.7퍼센트 순으로 SUV를 소유하고 있거나 구매할 예정이라고 응답했다. 신문은 "녹색당 지지자 6명 중 1명은 대문 앞에 SUV를 주차해놓았다"라고 설문 조사를 요약했다.[19]

이 조사의 가장 큰 문제는 6개월 안에 차를 구매할 계획이 있거나 지난 12개월 동안 실제로 차를 구매한 사람만 설문 조사의 대상이었다는 것이다. 차를 구매하지 않았거나 구매 계획이 없는 사람들은 설문에서 완전히 배제되었다. SUV 운전자 중 녹색당 지지자가 차지하는 비율을 의미 있게 해석하려면 녹색당 지지자 중 더는 자동차를 타지 않거나, 얼마 전 승용차를 구매했거나, 승용차를 살 계획이 있는 사람도 조사해야 한다.

이와 비슷한 오류는 남성과 여성이 받는 평균 임금 차이를 설명할 때도 생긴다. 실제로 남녀 차별은 임금에서가 아니라 상당 부분 다른 곳에서 일어난다. 임금이나 월급은 이미 고용된 사람들이 받는 것이지만, 고용 전부터 차별이 시작되어 고용시장에서 여성보다 남성을 더 선호한다면 남녀의 평균 임금을 비교하는 것은 의미가 없다. 성별 간 차별을 이야기하기 위해서는 남녀 실업률과 노동 시장 참여 비율도 비교해야 한다.

질문이 다르면
결과도 다르다

대표성을 갖는 설문 조사에도 오해의 소지가 있을 수 있다. 2016년 한 보도에 따르면 독일 국민 53퍼센트는 독일이 더 적극적으로 기후 보호에 앞장서야 한다고 생각했고, 더 나아가 67퍼센트는 석탄 화력 발전소를 '가능한 한 빨리', '빠른 시일 내에' 모두 없애야 한다는 데 동의했다. 이 결과는 시장 조사 기관 유고브가 세계 자연 기금의 의뢰를 받은 설문 조사를 근거로 한다. 설문 조사의 결과는 이미 설문지의 질문에서부터 예측할 수 있다. 기후 보호에 관한 질문은 다음과 같다.

> 2015년 파리에서 열린 기후 변화 협정에서 기후 보호를 위한 국제 협정을 체결했습니다. 미국과 중국은 9월 초 협약을 승인했지만 독일은 아직 승인 결정 과정에 있으며, 2050년을 목표로 제시한 기후 보호 계획도 빈약한 상태입니다. 독일이 기후 보호에 앞장서기 위해 더 많은 노력을 기울여야 한다고 생각하십니까?[20]

석탄 화력 발전소 관련 질문은 다음과 같다.

> 독일 내 온실가스 배출의 가장 큰 원인은 석탄 발전으로 전기를 생산하는 것입니다. 석탄 화력 발전소를 어떻게 조치해야 한다고 생각하십니까?

암시적인 질문을 통해 미리 정해진 방향으로 답변을 이끄는 설문 조사를 결과 지향 조사라고 한다. 이 설문 조사가 인식 지향 조사였더라면 훨씬 더 중립적으로 질문했을 것이고, 결과도 다르게 나왔을 것이다.

때로는 중립적인 질문도 잘못된 결과를 만든다. 2021년 7월 《이달의 잘못된 통계》에서 다룬 내용이다. 뮌헨 공과대학교는 「코로나가 또 다른 전염병을 일으키고 있다」라는 제목의 보도 자료를 발표했다. 코로나 때문에 독일인이 점점 뚱뚱해진다는 것이다. 언론은 이 보도 자료를 덥석 물었다. 《차이트 온라인Zeit Online》은 「독일인의 체중, 지난해 무려 5킬로그램 증가했다」라는 제목의 기사에서 "어떻게 다시 감량할 수 있을까?"라는 걱정 어린 질문을 하며 '트레이너' 네 명을 인터뷰했다. 그중 두 명은 거리에서 눈에 띄게 뚱뚱해진 독일인을 볼 수 있다며 보도의 주장을 뒷받침했다. 당시 코로나 대책이 국민의 생활 습관에 미치는 영향을 연구한 결과가 이미 발표되어 있었는데도 언론은 이 점을 전혀 언급하지 않았다. 로버트 코흐 연구소가 2019년 4월부터 2020년 9월 사이 전국 만 15세 이상 독일인 2만 3,000명을 조사한 「독일 최신 건강 현황」에 따르면 응답자의 체중은 평균 1.1킬로그램 증가했다. 그렇다면 2020년 9월부터 2021년 7월까지, 단 9개월 만에 독일인의 체중이 평균 약 4킬로그램 가까이 증가했다는 의미다.

이 연구를 신뢰하기 어려운 이유는 연구진이 특정 응답자 집단에 집중하는 바람에 설문 조사의 대표성이 떨어졌기 때문이다. 시장 조사 기관 포르사Forsa가 뮌헨 공과대학교의 엘제 크뢰너 프레제니우스 영양 의학 센터Else Kröner Fresenius Center for Nutritional Medicine와 함께 체중 5.5킬로그램 증가에 대해 문의했을 때,[21] 이 수치는 전체가 아닌 실제로 체중이 증가한 39퍼센트 응답자의 평균 체중 증가량이라는 답변을 받았다. 응답자 중 11퍼센트는 오히려 체중이 평균 6.4킬로그램 줄었고, 나머지 48퍼센트는 팬데믹 동안 체중 변화가 없었다고 응답했다. 전체 평균을 계산하면 응답자의 체중은 평균 약 1.5킬로그램 증가했다.

《차이트 온라인》뿐만 아니라 중부독일방송Mitteldeutscher Rundfunk의 인터넷 신문은 「팬데믹 동안 평균 5.6킬로그램 살이 쪘다고 토로하는 독일인」이라는 제목으로, 주간지《존탁스블라트Sontagsblatt》는 「뮌헨 공과대학교, 코로나 팬데믹 동안 독일인의 체중이 5.6킬로그램 늘었다는 새로운 연구 발표」라는 제목으로, 일간지《파사우어 노이엔 프레세Passauer Neuen Presse》는 「5킬로그램 더, 코로나는 어떻게 독일을 뚱뚱하게 만들었을까?」라는 제목으로 오해를 불러일으키는 보도를 했다.[22] 뮌헨 공과대학교의 잘못도 아예 없진 않다. 「평균 5.6킬로그램 체중 증가」라는 제목으로 보도 자료를 내며 5.6킬로그램 체중 증가가 실제로 살이 찐 응답자들에게만 해당한다는 사실을 밝히지 않았기 때문이다. 최근에는 5.6킬로그램에서 5.5킬로그램으로 수정하기까지 했다. 그래도 "응답자의 약 40퍼센트가 코로나 이후 평균 5.6킬로그램 살이 쪘다"라고 정확하게 보도한 언론도 있었다.

코로나와 별개로 과체중에 대한 통계에는 함정이 가득하다. 2018년 8월 연방 통계청 특별 보고서에 따르면 독일 성인 남성의 62퍼센트와 성인 여성의 43퍼센트가 과체중이고, 전체 성인 인구 중에서는 53퍼센트가 비만이다. 과체중 지수는 분기별 인구 조사에서 키와 몸무게를 추가 조사하여 신체 질량 지수Body-Mass-Index(이하 BMI)로 나타냈고, BMI가 25 이상이면 과체중으로 분류했다. 1999년 독일 성인의 과체중 비율은 48퍼센트에 불과했다.

BMI는 체중(킬로그램)을 키(미터)의 제곱으로 나눈 값이다. 언뜻 보기에 낯선 이 공식은 레오나르도 다빈치의 유명한 작품 '인체 비례도'로 쉽게 이해할 수 있다. 원 안에 팔다리를 쭉 뻗고 있는 남자가 있다. 원의 면적은 반지름의 제곱이다. 인체의 주요 구성 요소인 물을 가지고 생각해 보자. 물 1킬로그램으로 정육면체를 채운다면, 정육면체의 모서리 길이는 10센티미터, 즉 0.1미터다. 결국 BMI는 인간을 바닥에 평평하게 눕혀놓았을 때 인체의 대략적인 평균 높이 또는 두께,

즉, 누웠을 때 배가 얼마나 튀어나왔는지를 나타낸다.

BMI를 보면 독일인은 점점 뚱뚱해지거나 적어도 무거워지고 있다고 생각할 수 있다. 하지만 BMI 지수에는 논쟁의 여지가 많다. 근육은 지방보다 무게가 많이 나가는데 운동을 매우 즐겨 하는 사람들이 BMI의 단순한 기준 때문에 과체중으로 잘못 분류될 수 있기 때문이다. 또한, 연방 통계청이 발표한 과체중화는 상당 부분 인구 통계학으로 설명할 수 있다. 70~74세 남성과 여성은 각각 75퍼센트, 60퍼센트가 과체중인 반면 20~24세 남성과 여성은 각각 33퍼센트, 20퍼센트만이 과체중이다. 더구나 1999년부터 70~74세의 비율은 증가했고, 20~24세의 비율은 감소했다. 따라서 연령별로 나누어 따져보면 전체 독일인이 과체중이 되었다고 볼 수 없다.

4장
데이터가 말하는 것과
숨기는 것

 코로나 팬데믹 시대를 살며 사람들은 데이터와 분석의 홍수에서 허우적거렸다. 오류투성이인 것을 넘어 전혀 믿을 수 없는 데이터와 분석이 넘쳐났다. 세계 각국 전문가의 비판적 의견이 부족한 것은 아니었지만 대중에게 별로 받아들여지지 않았다. 오랫동안 코로나 관련 논의가 비교적 제한된 학문 세계에서 이루어졌기 때문이다. 이러한 상황은 통계가 모든 학문 사이에서 적절한 대우를 받지 못하며 더욱 심각해졌다. 통계학은 전문가의 작업 도구일 뿐만 아니라 독자적이고 고도로 역동적이며 혁신적인 학문이다. 의학자, 심리학자, 경영학자, 기계공학자가 전공을 공부할 때 스쳐 지나가며 배우는 과목 이상의 의미가 있다.

하지만 통계학과 과학이라는 학문이 일반적으로 어떤 특성을 가지는지 아는 사람은 많지 않다. 과학적으로 증명된 사실이나 통계적으로 입증된 사실을 $a^2+b^2=c^2$와 같은 수학 공식처럼 이해해서는 안 된다. 의학, 사회학, 심리학 같은 경험적 학문은 100퍼센트 확실한 지식을 전달하기보다 현실에서 생기는 문제에 의문을 품고, 현실 일부분을 가능한 한 적절하게 모델로 변환하고, 데이터를 수집·분석한 결과에서 결론을 추론한다. 데이터는 현실을 있는 그대로 반영하지 않고, 통계 모델도 실제와 연관성이 떨어질 수 있으므로 언제든 오류가 나타날 수 있다.

모든 데이터에는 오류의 위험이 도사리고 있음을 인식해야 한다. 데이터 수집 단계에서 오류가 생길 수도 있고, 항체 검사에서 오류가 생길 수도 있다. 이러한 오류는 감염자 수를 자료에 포함하지 않거나, 가짜 양성 결과가 나오거나, 통계 모델과 현실 사이에 연관성이 없거나, 실제 존재하는 연관성을 간과할 때 나타난다. 모든 과정이 올바르다고 가정해도 '통계적으로 유의미한 결과'는 형사 재판에서 자백 없이 유죄 판결을 내릴 수 있을 때처럼 다소 강력한 정황을 나타낼 뿐이고, '무의미한 결과'는 무죄 선고를 끌어내는 '증거 불충분'과 비슷하다.

모든 학자가 노련하게 불확실성을 다루는 것은 아니더라도 기본적으로 방법은 알고 있다. 학자는 옳고 그름, 즉 하나가 옳고 다른 것이 틀렸음을 가리기 위해 논쟁하지 않는다. 논쟁이 보여주는 건 진실을 밝히기 위해 매번 활용할 수 있는 완벽한 방법은 없다는 것이다.

데이터가 지식을
만들지는 않는다

데이터의 출처가 신뢰할 만한지 평가하고 신빙성 있는 출처의 특징을 인식하는 것도 데이터와 통계 이해 능력에 속한다. 우선 데이터는 모두 불확실하다는 점을 알아야 한다. 데이터를 기반으로 하는 지수나 지표도 불확실하다. 예를 들어 기초감염재생산지수 R의 오차범위는 ±2퍼센트밖에 되지 않지만, 기초감염재생산지수가 1.1이냐 1.2냐에 따라 몇 주안에 엄청난 차이가 생긴다.

다음으로 데이터가 대표성을 가질 때 비로소 통계가 불확실한 정도를 추측하는 도구로 활용될 수 있다는 점을 알아야한다. 예를 들어 코로나와 관련된 데이터 중에서는 대표성을 갖는 데이터와 왜곡하지 않고 정보를 전달하는 데이터를 찾아보기 힘들었다.

일목요연하고 시의적절한 데이터는 위기 상황에서 꼭 필요하다. 왜곡된 데이터를 호박에 줄 긋기 식으로 요리조리 반죽하고 컴퓨터로 시각화한다고 해서 이 필요가 채워질 리 없다. 감염자 수, 7일간 발생한 인구 10만 명당 신규 확진자 수 등의 지표는 꼭 필요하지만 얼마나 신빙성 있는지는 알맞게 따져봐야 한다. 왜곡된 데이터에서 절반쯤이라도 옳은 정보를 뽑아내는 일은 전문가에게도 힘든 일이다. 로버트 코흐 연구소의 보고서만 보더라도 매우 복잡한 계산 방식을 알 수 있다.[1]

《이달의 잘못된 통계》에서도 코로나 팬데믹의 시작부터 코로나 관련 주요 수치가 의미하는 바를 부록에 따로 설명했다.[2] 예를 들어 예방 접종의 효능이란 접종이 갖는 최대 효과를 나타내는 '효능'과 실제 상황에서 나타나는 '효과'를 모두 의미한다. 임상 연구 과정에서 모든 요인을 고려할 수 없으므로 예방 접종의 실제 효과는 임상 연구와 다를 수밖에 없다.

이 때문에 3차 백신 접종의 효과에 관한 연구를 놓고 소셜 네트워크에서 열띤 토론이 벌어졌다.[3] 연구의 기초 자료는 화이자-바이오엔텍Pfizer-Biontech 백신을 맞은 60세 이상 이스라엘인이었다. 하지만 기초 자료를 위해 수집한 모집단이 중복되었을 수 있다는 점만 고려하더라도 이 자료는 예방 접종의 효과를 일반화하는 데 사용될 수 없다. 전체 관찰 기간 31일중 초기에 2차 접종군에 포함되었던 사람들이 관찰 기간이 끝나기 전 3차 접종을 받고 3차 접종군으로 집계되었을 수 있다. 이 연구는 추적 관찰 기간에 인구의 몇 퍼센트가 각각 2차와 3차 접종을 받았는지만 보여주기 때문이다.

2차·3차 접종 완료자는 평균 2주간 추적 관찰을 받았다. 이연구 결과를 놓고 칼 라우터바흐Karl Lauterbach 보건부 장관은 한껏 희망에 차서 화이자 3차 접종은 많은 전문가의 예상보다 훨씬 효과적이며, 전염이나 심각한 증상에 대해 열 배 이상 보호 효과를 낼 수 있다고 트위터에 글을 썼다.

여기서 우리는 앞으로도 이 책에서 여러 번 접하게 될 실수, 즉 상대 위험을 잘못 해석하는 전형적 오류를 발견한다. 2회 접종 시 감염 위험은 10만 인일Personentage*당 85명이었고, 3회 접종 시에는 10만 인일당 8명으로 줄었다. 하지만 상대 위험 감소는 예방 접종의 효력 증가와 아무런 연관이 없다. 우선 인일이라는 단위는 사람의 수와 같지 않고, 3차 접종자를

---

* 여기서는 각 개인에 대한 추적 관찰 기간의 합을 뜻하는 단위로 쓰였다.

한 달 이상 추적 관찰한 연구도 없었다. 두 집단, 즉 2차 접종 군과 3차 접종군의 감염 위험을 동일 선상에서 비교할 수도 없다. 3차 접종군은 연령대가 높고 남성일 가능성이 높았으며, 아랍인이나 초정통파 유대인일 가능성은 낮았다. 게다가 3차 접종군은 2차 접종군보다 훨씬 오래전에 예방 접종을 받았다. 이 모든 요인을 고려한다면 3차 접종은 상대 위험을 무려 11배 이상 줄인다.

하지만 접종을 통해 생기는 면역은 완전히 다르게 생각해야 한다. 면역은 특정 기간에 2차 접종군 또는 3차 접종군에서 나온 감염자 수에 달려있다. 2차 접종 완료자가 30일 이내에 코로나에 감염되지 않을 확률은 97.5퍼센트이고, 3차 접종 완료자가 30일 이내에 감염되지 않을 확률은 99.8퍼센트로 증가한다. 2차 접종 후에도 이미 높았던 효과는 3차 접종 후에 2퍼센트 높아진다. 마찬가지로 2차 접종 후 이미 줄어든 감염자 수는 3차 접종 후에 더 줄었다. 숫자가 작으면 아주 작은 절대 수치의 차이도 상대적인 비율 차를 크게 만든다.

'올바르게' 데이터

측정하기

데이터는 필요한 정보를 측정하고 있는가? 감염성 질병 발생률을 감염 확인 사례로만 측정하면, 발생률은 일반적으로 과소평가된다. 무증상 감염자는 종종 검사를 받지 않기 때문이다. 반대로 유증상자를 주로 검사하여 전체 인구 비율로 추정하면 발생률은 과대평가된다. 시간이 지나면서 조사 방법을 바꾸어 무증상자를 더 많이 검사하거나 검사의 품질이 달라지면 측정 결과는 더욱 혼란스러워진다. 설상가상으로 검사 분석실도 주말에는 쉬기 때문에 지연되는 결과 보도로 주간 발생률에 변동이 생기기도 한다.

초기 데이터가 왜곡되면 데이터를 기준으로 계산한 지수에도 당연히 오류가 생긴다. 네덜란드 중앙통계국이 개발한 팬데믹 추적 관찰 방식의 대안을 살펴보자. 이 관찰법은 하·폐수에 포함된 코로나바이러스 입자를 추적한다.[4] 코로나 감염자의 대변에는 코로나바이러스 입자가 포함되어있을 확률이 높다. 바이러스 입자는 변기를 통해 폐수 처리장으로 흘러가기 때문에 하·폐수를 분석하면 한 지역의 바이러스 발생 규모를 알 수 있다.[5] 네덜란드에서 7일간 발생한 인구 10만 명당 확진자 수와 네덜란드 인구 10만 명당 추출된 바이러스 입자 도표를 비교하면 2021년 봄의 정점은 각각 3월 27일(7일간 지표)과 3월 28일(바이러스 입자 도표)로 비슷한 시기를 나타낸다. 하지만 감염 양상을 3월 초부터 살펴보면 바이러스 입자는 월말까지 20퍼센트 증가했지만, 7일간 지표는 같은 기간 67퍼센트나 증가했다.

더 객관적인 쪽은 검사 횟수에 의존하지 않으며, 주간 변동이 크지 않은 바이러스 입자 분석이다. 잦은 검사는 비공개 수치를 줄이기 때문에 팬데믹을 이해하는 데 도움이 될지는 몰라도 검사 횟수가 똑같지 않은 이상 지역과 시간에 대한 비교가 불가능하다. 이에 비해 폐수에 포함된 바이러스 입자를 측정하면 감염 상황에 관해 왜곡 없이 대표성을 갖는 평가를 할 수 있다. 물론 감염자 수를 정확히 알 수 없고 감염 양상을 이해하기 위해 중요하게 쓸 수 있는 감염자의 나이나 직종을 알 수 없다는 단점이 있다. 더 자세한 정보를 위해서는 좋든 싫든 감염자 수를 세기는 해야 한다.

그러나 감염자 수를 세는 데는 다음 문제가 기다리고 있다. 주로 인구 밀도가 낮아서 감염 사례가 적은 지역에서는 감염 추정치가 매우 부정확하고 불확실하다. 인구 5,000명이 사는 작은 마을에서 감염자 한 명이 나오면 발생률은 인구

10만 명당 20명이 된다. 감염자가 두 명이라도 나오면 발생률은 이미 인구 10만 명당 40명으로 늘어난다. 중간은 없다. 쉽게 이해하기 위해 마을 인구 5,000명을 연령별로 다섯 집단으로 나누고, 각 집단을 1,000명이라고 가정하면, 연령대별 발생률은 10만 명당 0명, 100명, 또는 200명으로만 계산할 수 있다. 즉 부정확하고 불확실한 데이터는 중요한 의사 결정을 위해 전혀 쓸모가 없다.

'올바른' 데이터
측정하기

데이터를 올바르게 측정하는 것도 중요하지만 올바른 데이터를 측정하는 것도 중요하다. 집계가 쉬워서 매일 보고되고 분석되는 확진자 수, 중환자 수, 사망자 수 데이터보다 더 중요한 데이터가 있다. 쉽게 조사할 수 없더라도 확진자 수만큼 자주, 중환자 수만큼 상세하게 조사해야 할 자료는 바로 팬데믹이 우리 사회에서 취약한 구성원의 교육, 경제, 환경에 미친 영향이다. 최근 들어 연방 통계청은 '실험 데이터 Experimentelle Daten' 프로젝트를 통해 올바른 데이터를 측정하려고 분발하고 있다.

《이달의 잘못된 통계》또한 사실을 기반으로 한 과학 저널리즘을 위해 존재한다. 숫자, 데이터, 사실 자체는 객관성을 갖지 못한다. 객관성은 어떤 실제 현상을 어떻게 측정하고 묘사하는지에 달렸다. 예를 들어 코로나 위기에 대한 어떤 자료를 어떤 측정 도구로 어떻게 수집할지 결정해야 할 때나, 실직자와 구직자같이 의미가 다른 개념을 놓고 실업을 어떻게 정의할지 결정해야 할 때처럼 어떤 측정 방법을 어느 시점에 어떻게 적용할지 결정하는 것이 중요하다.

아네 빌Anne Will의 정치 토크쇼에서는 매년 독일에서 얼마나 많은 세금이 탈세 되고 있는지를 주제로 토론을 벌인 적이 있다.[6] 국회의원 자라 바겐크네히트Sahra Wagenknecht는 연간 탈세액을 300억 유로로 추산했고, 법학자이자 국회의원이었던 하이너 가이슬러Heiner Geißler는 4~5억 유로가 탈세 되고 있다고 주장하면서도 20~30억라는 조세 조합의 추정치도 언급했다. 반면 국회의원 볼프강 보스바흐Wolfgang Bosbach는 스위스에 약 1,000~3,000억 유로가 숨겨져 있다고 추측했다.

세 명의 정치인이 네 가지 서로 다른 액수를 이야기했다. 각자 서로 다른 기준으로 탈세를 정의했기 때문이다. 2006년 조세 조합과 연방 은행은 세무 조사를 실시하여 외국 은행에 얼마나 많은 자산이 예치되어 있고, 그중 독일에서 유출된 자산은 얼마이며, 얼마나 적절하게 세금이 부과되었는지 대략 산출했다. 스위스에만 하더라도 약 1,700억 유로가 숨겨져 있었고, 모든 나라를 합치면 검은돈은 총 4,800억 유로에 달했다. 2009년 중반 금융 위기 이후 검은돈은 3,000억 유로로 줄어들기도 했었다. 손실된 세금은 검은돈의 예상 수익에 세율을 곱하여 추정하는데 2006년 검은돈 약 5,000억 유로에 연간 수익률 약 4~5퍼센트, 당시 유럽 연합의 이자세 20퍼센트를 함께 고려하면 연간 50억 유로의 세금 손실이 발생했을 것이다. 2009년의 검은돈으로 계산하면 손실 세금은 달라진 이자세 때문에 20~30억 유로였을 것이다.

OECD의 산하 기구인 자금 세탁 방지 국제기구FATF도 독일의 탈세에 대해 논하며 '1,000억'이라는 숫자를 언급했다. FATF의 보고서는 무엇보다도 이 기구의 주요 업무인 자금 세탁 및 테러 자금 조달을 중점적으로 다뤘다. 하지만 재산은 다른 방법으로도 은닉할 수 있다. 예를 들어 계약서를 작성하지 않고 직원을 고용하여 소득세를 피하거나 암시장 거래, 무기 및 마약 거래를 통해 거래세를 피할 수도 있다. 이 돈은 이후 스위스 계좌에 입금되고 나서야 조세 조합의 레이더망에 포착될 것이다. 이처럼 팬데믹의 영향이나 탈세와 관련하여 어떤 숫자와 자료를 측정하는 것이 옳은지는 객관적이지도 않고, 명확하게 정의할 수도 없다.

　여기에 한 가지 문제가 더 있다. 데이터를 제공하는 기관에서 데이터에 관점을 반영하지 못하면 스스로 만드는 맹점에 빠지고 만다. 이러한 맹점은 특히 연방 통계청의 월간 코로나 보고서에서 두드러지게 나타났다.[7] 그림 4.1은 2021년 3월 코로나 보고서에서 어떤 사회 문제가 얼마나 많은 분량으로 다루어졌는지 보여준다. 여러 주제 중 환경 문제는 다른 특별한 이유나 관점 없이 관행적으로 다루어왔다는 이유만으로 3월호에도 등장한다.

　사회의 사각지대를 나타내는 데이터가 있다면 이 데이터가 어떤 현실을 담아낼지 상상해 보자. 9시 뉴스에서 수치와 지표를 보여주면서 얼마나 많은 사람이 매일 두려움과 우울증 때문에 집 밖으로 나가지 못하고 직장을 잃는지, 얼마나 많은 일용직 노동자가 생활고를 겪는지 보도한다면 어떨까? 스위스 취리히주 전화 상담 서비스의 내용을 분석한 결과 2020년 하반기 자살 상담이 약 30퍼센트 증가했으며 같은 해 10월에는 무려 60퍼센트가 추가로 증가했다. 독일에서도 외출금지령이 내려진 가을에 우울증 호소 전화는 10퍼센트, 자살 상담 전화는 50퍼센트 증가하는 등 전화 심리 상담이 전체적으로 두드러지게 늘었다. 인터넷 상담에는 매일 74퍼

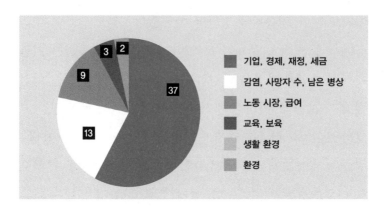

그림 4.1: 2021년 연방 통계청 3월 코로나 보고서의 페이지 분배.

센트 더 많은 문의가 있었고, 소셜 미디어의 상담 대화방 수
요는 160퍼센트 증가했다.

하지만 뉴스는 이 모든 것을 보여주지 않는다. 숫자가 자
신을 스스로 대변한다는 믿음은 허상이다. 사실을 수치화하
지 않으면 사실은 스스로 나타날 수 없고, 숫자로 나타내도
잘못 받아들여질 때가 많다.

5장
그래프가 보여주는 것과
감추는 것

데이터를 시각화하는 것도 통계의 한 형태다. 데이터는 고의로 혹은 실수로 조작되어 심하게 왜곡되거나 명백히 틀린 정보로 전달될 수 있다. 모든 형태의 통계와 마찬가지로 시각화된 데이터는 중립적일 수 없고, 어떤 데이터를 어떻게 시각화하는지에 따라 다른 결과가 나타난다.

시각화하는 방법에 대해 먼저 이야기해 보자. 요즘에는 데이터를 분석하고 시각화하는 데 무료로 사용할 수 있는 편리한 프로그램이 많다. 데이터를 올리고 클릭 한 번이면 완벽한 디지털 도표를 완성할 수 있고 여기에 조금 더 공을 들여 눈길을 끄는 제목을 달아 블로그, 트위터, 페이스북과 같은 소셜 미디어에서 몇 초 만에 수천 명에게 배포할 수 있다. 이제는 디지털화 덕분에 정보와 지식을 전달하는 데 있어서 데이터 및 통계의 수집, 분석, 보급이라는 난관에 부딪히지 않으며, 프로그래밍이나 편집이라는 어려움을 극복할 필요도 없어졌다.

흥미롭게 다가오는 시각 자료는 데이터의 핵심을 말 그대로 한 번에 전달할 수 있다. 하지만 시각 자료는 비언어적으로 핵심을 전달하기 때문에 주의를 기울여야 한다. 호소력 있고 매우 전문적으로 보이지만 사실을 심하게 왜곡할 수도 있다.

다리가 없는
막대그래프

엑셀과 같은 프로그램은 데이터를 자동으로 조작하는 경우가 많다. 도표의 축을 짧게 만들어서 작은 차이를 크게 보이게 하는 것은 엑셀에서 늘 볼 수 있는 기본 조작법이다. 도표를 조작하지 않고 있는 그대로 나타내고 싶으면 직접 축의 값을 0으로 설정해야 한다. 그렇지 않으면 작은 마을 린다우 군수 엘마르 슈테게만Elmar Stegemann과 같은 실수를 할 수도 있

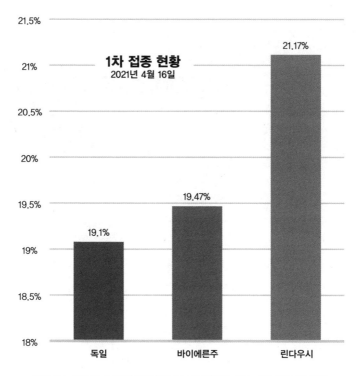

그림 5.1: 엘마르 슈테게만이 페이스북에 게시한 도표, 2021년 4월 17일.

다. 그는 린다우의 인상 깊은 예방 접종률을 바이에른주의 예방 접종률과 비교하고 심지어 전체 독일의 상황과 비교하여 자랑스럽게 페이스북에 게시했다. 아마도 엑셀을 사용했을 것이다(그림 5.1 참조)

도표를 보면 예방 접종을 받은 주민이 바이에른주나 전체 독일보다 린다우에 2~3배는 더 많아 보이지만 현실과는 거

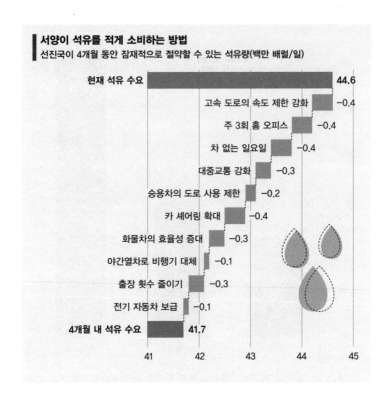

서양이 석유를 적게 소비하는 방법
선진국이 4개월 동안 잠재적으로 절약할 수 있는 석유량(백만 배럴/일)

현재 석유 수요	44.6
고속 도로의 속도 제한 강화	-0.4
주 3회 홈 오피스	-0.4
차 없는 일요일	-0.4
대중교통 강화	-0.3
승용차의 도로 사용 제한	-0.2
카 셰어링 확대	-0.4
화물차의 효율성 증대	-0.3
야간열차로 비행기 대체	-0.1
출장 횟수 줄이기	-0.3
전기 자동차 보급	-0.1
4개월 내 석유 수요	41.7

그림 5.2: 선진국의 석유 절약 가능성.

출처: https://de.statista.com/infografik/27089/oel-einsparpotential-in-industrielaendern/

리가 멀다. 그림 5.1의 도표처럼 극단적으로 짧아진 수직 또
는 수평 막대의 예는 넘쳐난다. 예를 들어 그림 5.2에서는 현
재 석유 수요와 잠재 수요 차이가 엄청나 보이지만 꼼꼼히
들여다보면 사실과 매우 다르다.

그림 5.3의 도표는 좀 더 면밀하고 그럴듯하게 조작되었

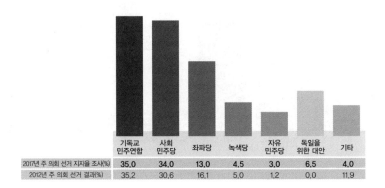

자를란트주의 선택 – 2017년 3월 16일
2012년 선거 결과와 2017년 3월 선거 지지율 조사 비교

	기독교 민주연합	사회 민주당	좌파당	녹색당	자유 민주당	독일을 위한 대안	기타
2017년 주 의회 선거 지지율 조사(%)	35.0	34.0	13.0	4.5	3.0	6.5	4.0
2012년 주 의회 선거 결과(%)	35.2	30.6	16.1	5.0	1.2	0.0	11.9

그림 5.3: 자를란트Saarland주의 선택, 독일 공영방송 ARD의
뉴스 프로그램 타게스샤우(Tagesshau), 2017년 3월 16일 방송.

출처: https://www.tagesschau.de/multimedia/bilder/crbilderstrecke-375.html

다. 도표의 막대가 부분적으로 잘리고 축도 사라지는 바람에 큰 차이가 단번에 작은 차이로 둔갑했다. 막대가 아닌 수치를 보면 기독교민주연합당과 사회민주당의 지지율은 좌파당의 지지율보다 훨씬 앞서고 있다. 잘못된 정보를 전달하는 도표가 9시 뉴스에서 인포그래픽으로 쓰이는 것은 정말 안타까운 일이다.

도표에는 조작할 수 있는 축이 또 하나 있다. 그림 5.4에서는 y축이 아니라 x축이 일정하지 않게 분배되었다. 각 집단은 열 살씩 차이가 나게 나누어졌는데 만 20~59세 집단의 나

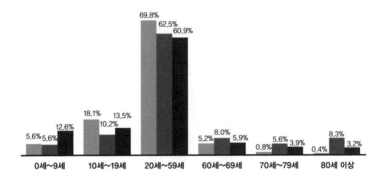

그림 5.4: 연령별 코로나19 감염 비율, 《WAZ》, 2021년 5월 29일.

이 차는 다른 집단의 나이 차와 비교했을 때 무려 4배나 차이가 난다. 그 결과 20~59세에서 감염자가 무더기로 발생한 것처럼 보인다.

특별히 창의적인 사람들은 그림 5.5의 도표처럼 축을 뒤집기도 한다. 그림 5.5의 도표에서 y축은 위에서 아래로 진행된다. 실제로 총기 피해자는 2005년까지 해마다 감소했지만 도표를 대충 훑어본 사람은 증가했다고 오해할 것이다. 게다가 생명의 위협을 느꼈을 때 총기 사용을 허용하는 '스탠드 유어 그라운드Stand your Ground' 정당방위법은 수치상 총기 피해자 감소에 전혀 도움이 되지 않았는데 이 정보가 도표 정중앙에 너무나 눈에 띄게 표시된 바람에 도표를 볼 때 제일 먼저

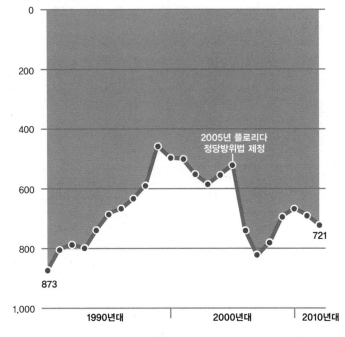

총기로 인한 사망 사건 수

873

2005년 플로리다
정당방위법 제정

721

1990년대　　　2000년대　　2010년대

그림 5.5: 플로리다 총기 피해자, 《로이터》, 2014년 2월 16일.[1]

눈에 들어온다. 법 제정보다 중요한 사실은 법 제정 이후 2년 안에 총기 피해 사건이 급격하게 증가했다는 것이다. 작은 도표로도 이렇게 많은 오류를 전달할 수 있다는 것이 놀랍지 않은가?

픽토그램의
눈속임

허위 정보를 전달하는 인포그래픽의 막대와 선은 그림으로 대체될 수도 있다. 그림 5.6와 그림 5.7은 숫자 정보를 각각 아보카도와 자동차 그림으로 전달한다.

그림 5.6와 5.7의 도표는 기하학 도형을 사용하여 1차원인 숫자를 표현했다. 숫자를 비교하면, 2017년 아보카도 산은 (산자락이 2015년에서 2019년까지 뻗어있긴 하지만 그냥 2017년이라고 생각하자) 2008년 아보카도 산보다 3~4배 커야 하는데 약 10배나 차이가 난다. 숫자 간의 비율은 계산하지 않고 높이만 고려했기 때문이다. 하지만 우리 뇌는 형상의 크기를 면적이나 부피로 측정한다.

같은 원칙을 그림 5.7의 화물차 대수에도 적용할 수 있다. 《아데아체 모터벨트ADAC-Motorwelt》의 예측대로라면 2025년까지 화물차 대수가 두 배로 많아져야 하는데 도표에 표현된 2025년 화물차 대수의 면적은 1985년 화물차 대수의 면적에서 높이와 너비 모두 배로 늘어 총 네 배로 커졌다.

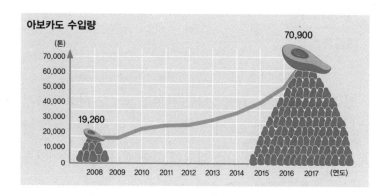

그림 5.6: 아보카도 수입량, 독일 제1 공영방송 아에르데ARD 시사 교양 방송 플루스미누스Plusminus, 2018년 4월 11일 방송.

승용차와 화물차 통행으로 대교에 가해지는 일일 하중(톤)

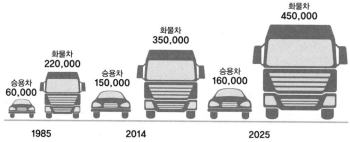

그림 5.7: 레버쿠젠Leverkusen 대교에 가해지는 극심한 하중, 《아데아체 모터벨트》, 2016년 5월호.

악마의 도구:
이중축 도표

면적을 헷갈리게 하는 또 다른 완벽한 도구는 서로 다르게 크기를 조정한 수직 y축이다. 그림 5.8은 오스트리아 내 코로나19 알파 변이 바이러스 감염자 수와 델타 변이 바이러스 감염자 수를 동시에 보여준다. 처음 도표를 보면 델타 변이 바이러스 감염자 수가 6주 만에 알파 변이 바이러스 감염자 수를 따라잡았다고 생각할 수 있다.

하지만 자세히 다시 한번 살펴보자. 알파 변이 바이러스 감염자 수를 나타내는 축은 6,000까지 올라가고, 델타 변이 바이러스 감염자 수를 가리키는 축은 고작 300까지밖에 올라가지 않는다.

한 번 더 자세히 살펴보면 2021년 스물네 번째 주까지도 알파 변이 바이러스 감염자가 델타 변이 바이러스 감염자보다 많다는 것을 알 수 있다. 과연 이 조작은 고의가 아니라 정말 단순한 실수일까?

그림 5.9의 예시는 지금까지 언급한 오류들을 종합해 놓았다. 두 가지 서로 다른 축을 조합하고, 그중 한 축은 시작점이 잘려서 병원의 수가 0이 아닌 1,700부터 시작한다. 즉, 전

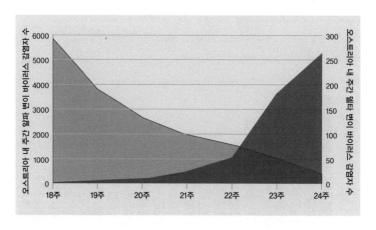

그림 5.8: 2021년 오스트리아 코로나19 알파·델타 변이 바이러스 감염자 수, 《데어 슈탄다드(Der Standard)》, 2021년 7월 7일.

체 병원이 약 65퍼센트나 감소한 것처럼 극단적으로 표현했지만 실제로 병원은 15퍼센트밖에 감소하지 않았다. 표제도 달리지 않은 두 번째 y축은 80세 이상 독일 인구를 나타낸다. 문제는 여기서 끝나지 않고 두 가지 의문을 남겼다. 첫째, 이 자료가 원래 전달하고자 하는 정보는 무엇인가? 둘째, 이 자료는 주제를 전달하기에 알맞은 자료인가?

그림 5.9가 어렵게 전달하는 정보를 페이스북 이용자들은 알아들은 듯 보였다. 지금은 사라진 '코로나에 맞서는 다윗'이라는 페이지가 게시한 그림 5.9에 다음과 같은 댓글이 달렸다.

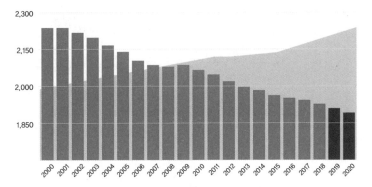

2000~2018년 독일 내 2차 의료 기관(종합 병원) 수

■ 통계 전문 웹 사이트 슈타티스타[de.statista.com]에 따른 독일 내 2차 의료 기관(종합 병원) 수
■ 통계상 3차 의료 기관(대학 병원) 수
■ 1999~2019년 80세 이상 독일 인구

그림 5.9: 페이스북 페이지 "코로나에 맞서는 다윗", 2021년 1월 19일.[2]

– 보건 분야에 돈을 아껴도 너무 아끼는 것 아닌가? 의료 분야조차 탐욕적으로 이윤만 추구하는 세상이라니.

– 이런 말도 안 되는 상황에서 이익을 취하는 집단은 도대체 누구인지 질문해야 한다. 이렇게 비판적으로 질문하기 위해서는 생각이란 것을 해야 하는데 두려움이라는 자기만의 세계에 갇혀서 사고할 수 없게 된 사람들이 많다….

– 의료 분야에 돈을 아낀 결과가 이렇게 드러나고야 말았다…. 정치인들이 무슨 생각으로 병원을 줄이기 시작했는지 안 봐도 뻔하다.

사람들은 코로나 팬데믹 동안 병원에 과부하가 걸린 이유를 코로나 환자 때문이 아니라, 이익에 눈이 먼 연방 정부가 팬데믹 중에도 절약을 위해 더 많은 병원의 문을 닫는 결정을 내렸기 때문이라 보았다. 한 이용자는 "2020년에 종합 병원 열두 군데가 문을 닫았다"라는 댓글을 남겼고 다른 이용자는 "스무 군데였다"라고 수정했다.

하지만 2020년 수치는 2021년 1월에 아직 존재하지 않았다. 도표를 만든 사람이 동향을 추정했을 뿐이다. 2019년에 실제 존재했던 종합 병원도 도표에 적힌 대로 1,907개가 아니라 1,914개였다. 그래도 병원 치료 수요가 높은 80세 이상 고령 인구가 증가하는 데 반해 병원 수가 줄어드는 추세인 것은 사실이다.[3]

하지만 공급 부족이 오래전부터 계획되었다는 말은 틀렸다. 종합 병원 수만으로는 의료 서비스를 가늠하기 어렵기 때문이다. 병원이 줄어도 병상 수가 그대로라면 공급에는 아무런 변화가 없다. 그뿐만 아니라 2년간의 코로나 팬데믹을 지나오며 병상 자체보다는 의료진의 숫자가 더 중요하다는 것을 배웠다. 그림 5.10의 도표를 보면 의사 수가 80세 이상 인구와 유사하게 증가하고 있음을 알 수 있다.

전체 환자와 의사의 비율을 따져보면 오히려 환자보다 의

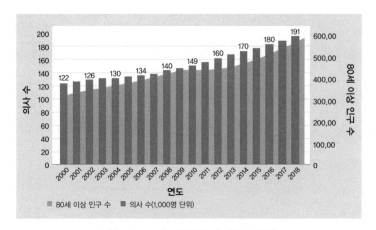

그림 5.10: 80세 이상 인구와 의사 수 변화.

출처: 독일 연방 통계청의 연방 보건 보고

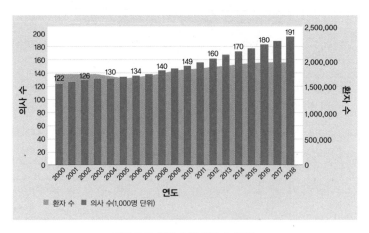

그림 5.11: 환자 수와 의사 수 변화.

출처: 독일 연방 통계청의 연방 보건 보고

사가 더 많다(그림 5.11 참조). 믿을 수 없는 이야기를 퍼뜨리고자 했던 페이스북 페이지의 계획은 이렇게 실패로 돌아갔다.[4]

도표가 전달하는 정보

"도표는 어떤 기초 자료에 근거해 어떤 사실을 전달해야 하는가?"라는 처음 질문으로 돌아가 보자. 예를 들어 그림 5.12의 도표처럼 사람들이 특히 언제 인터넷에 의존하는지 조사하고자 한다면 인터넷 설문 조사는 좋은 방법이 아니다. 게다가 시장 조사 기관 입소스ipsos는 설문 조사를 실시한 23개국 중 불분명한 기준으로 10곳을 선택해 도표를 만들었다. 도표를 자세히 들여다보자. 가장 높은 인터넷 의존도를 보인 인도는 당시 전체 인구 28퍼센트 만이 인터넷을 사용했다. 이에 반해 도표 가장 아래에 있는 일본은 같은 시기 전체 인구의 91퍼센트가 인터넷 사용자였다. 인도의 나머지 77퍼센트는 인터넷 없이 살 수 있거나 인터넷 없이 살아야 하는 사람들이었지만, 이 도표를 처음 보는 순간에는 다른 인상을 받을 수밖에 없다.

그림 5.12의 도표가 전달하고자 하는 숫자 정보는 막대그래프와 세계 지도로 표현되었다. 이 방식은 이해를 도울 수도 있지만, 오히려 더 많은 오해를 만들어냈다. 세계 지도로는 이 도표가 목표로 하는 정보를 알맞게 표현할 수가 없기 때문이다. 자료의 숫자는 사람을 가리키지만, 지도는 면적의 비율을 나타내기 때문에 나라별로 알맞은 비율을 나타낼수 없다. 러시아에는 1제곱킬로미터당 8명이 살고 중국에는 1제곱킬로미터당 150명이 산다.

다음 예시도 지도에 속을 수 있음을 알려준다. 트위터에 짤막한 뉴스를 올리는 한 계정에서 다음의 글을 게시했다. "여전히 재직 중인 안디 쇼이어Andi Scheuer 교통부 장관이 2025년까지 도로 공사에 266억 유로를 지출할 계획이라고 방금 발표했다. 아무렴, 이 나라에서 가장 필요한 것은 도로다."[6]

정부의 결정을 비꼬는 말이었다. 함께 올린 지도를 보면 독일은 도로로 꽉 차 있다. 이 지도는 독일의 모든 고속 도로와 일반 도로를 보여주는 반면 주변국의 도로 사정에 관해서는 고속 도로만 보여준다는 허점이 있다.

다행히도 트위터에서 이 도표를 본 사용자 중에는 도로 사정을 잘 아는 사람들이 많아서 지도의 허점을 알아채기 쉬웠지만 우리가 잘 모르는 사실을 전하는 자료가 틀렸을 때도

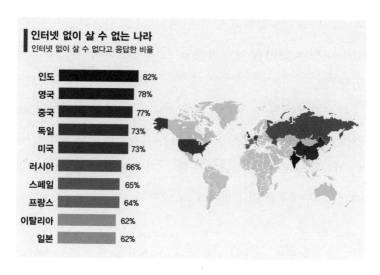

그림 5.12: 인터넷 사용에 관한 온라인 설문 조사에서 추출.5

허점을 알아차릴 수 있을까?

이 경우를 '기능적 문맹' 예시에서 살펴보자. 기능적 문맹은 글은 알지만 어려운 어휘로 쓰이거나 긴 글은 이해하지 못하고, 서류를 작성할 때 어려움을 겪는 사람을 뜻한다. 기능적 문맹에 관해 함부르크 대학교에서 일명 레오 연구Leo-Studie를 수행했다.7 연구 결과인 그림 5.13의 도표는 독자 모두를 놀라게 할 것이다. 도표에 따르면 기능적 문맹의 비율은 독일어를 외국어로 배운 집단보다 모어로 쓰는 집단에서 더 높게 나타났다. 게다가 읽기와 쓰기에 어려움을 겪는 사람 중 3분의 1은 학력이 높은 편이었다! 그렇다면 모어 수준의 유창한 독일어 구사력과 좋은 학벌은 문맹의 위험 요소란 뜻인가?

이 도표에는 분명 허점이 있을 것이다. 하지만 시민학교*는 연방 교육연구부의 지원을 받고 기본 교육과 문해력 향상을 위한 자원봉사 활동을 지원하는 웹 사이트 'vhs-Ehrenamtsportal'에서 레오 연구를 다음과 같이 요약했다.

> 레오 연구는 대중이 기초 교육 부족에 관한 문제의식을 갖게 하고, 사회의 굳어진 선입견을 타파한다. 기능적 문맹의 연령대는 다양하며, 일정한 직장이 있고 일반 교육 과정을 마친 사람 중 문해 수준이 낮은 사람이 많다.

연방 교육연구부는 읽기와 쓰기 분야의 기본 교육뿐 아니라 통계 기본 교육에도 투자해야 한다. 그림 5.13의 도표를 설명한 레오 연구 결과 보고서에서 몇 장만 넘기면 완전히 다른 도표가 나타난다(그림 5.14 참조). 그림 5.14에 따르면 독일어를 모어로 사용하는 사람 중 약 7퍼센트만이 기능적 문맹에 속하고, 고학력자 중 기능적 문맹은 약 5퍼센트밖에 없

* 성인 교육을 위한 비영리 기관.

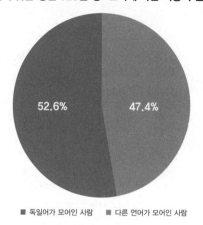

문해력이 낮은 성인 620만 명: 모어에 따른 기능적 문맹 비율

52.6%   47.4%

■ 독일어가 모어인 사람   ■ 다른 언어가 모어인 사람

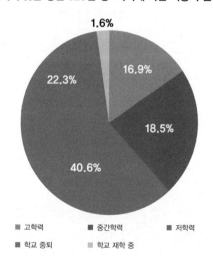

문해력이 낮은 성인 620만 명: 학력에 따른 기능적 문맹 비율

1.6%

16.9%

22.3%

18.5%

40.6%

■ 고학력   ■ 중간학력   ■ 저학력

■ 학교 중퇴   ■ 학교 재학 중

그림 5.13: 2018 레오 연구 결과 보도 자료 pp.9, 11.

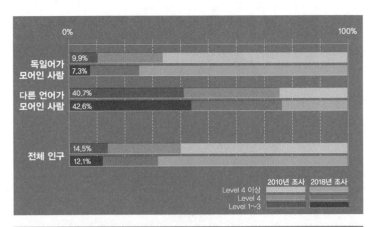

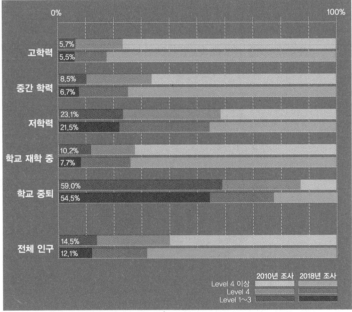

그림 5.14: 2010년 · 2018년 레오 연구 결과 보도 자료 p.16, 17.

다. 이에 비해 저학력자 중 20퍼센트, 무학력자 중 50퍼센트가 기능적 문맹이다.

두 도표를 어떻게 이해해야 할까? 그림 5.14의 첫 번째 도표를 다시 보자. 모어에 따른 기능적 문맹을 나타내는 이 도표는 독일어가 모어인 사람과 다른 언어가 모어인 사람의 비율이 각각 다르다는 사실을 고려하지 않았다. 학력에 따른 기능적 문맹의 비율을 나타내는 도표에서도 같은 오류가 있다. 대부분 10학년 과정을 마쳤기 때문에 기능적 문맹 비율에서 학교 중퇴자 비율이 비교적 낮을 수밖에 없다.

연구 결과가 모든 사람의 마음에 들 수는 없다. 그래도 교육을 위해 정말 투자해야 할 곳을 결정하는 데 연구가 도움이 되기 위해서는 기능적 문맹의 위험이 가장 큰 집단이 어디인지 분명히 밝혀야 한다.

2부

상식을 벗어나면
뉴스가 된다

6장
영원히
사는 방법

최고령자 100인의 리스트에서도 맨 앞에 있었던 프랑스인 잔 루이즈 칼망Jeanne Louise Calment은 122세의 나이로 사망했다. 부유한 집안에서 태어난 칼망은 자전거 타기, 수영하기, 테니스 치기 등 다양한 취미를 즐길 수 있었다. 100세에도 여전히 자전거를 탔고, 담배는 119세가 돼서야 끊었다. 장수의 비결로는 즐겨 먹은 올리브유, 마늘, 채소, 포르투갈 와인을 꼽았다.[1]

최고령자 100인 중 95명이 여성인 반면에 남성은 5명밖에 없다. 다양한 나라에 고령자들이 고루 분포되어 있는데, 그중 독일인은 없다.

조깅 한 시간이
수명 7시간을 연장한다

장수에 관한 좋은 소식이 있다. 물론 남성들에게도 좋은 소식이다. 장수뿐 아니라 영생에 대한 염원도 실제로 이루어진 듯하다. 미국의 한 연구는 18~100세 남성과 여성 약 5만 5,000명을 조사하여 조깅이 수명 연장에 미치는 영향을 밝혔다.[2] 이 연구는 달리기가 심장병, 암, 기타 질병의 감소와 관련이 있으며, 같은 시간을 투자했을 때 조깅의 효과는 자전거 타기와 수영보다 더 크다고 보고했다.

인터넷에서 이 연구는 「조깅 한 시간이 수명 7시간을 연장한다」, 「조깅 한 시간은 당신에게 수명 7시간을 선물한다!」라는 제목으로 퍼져나갔다.[3] 한 시간을 투자해 수명 일곱 시간을 얻는다니, 불멸을 위해 찾던 특효약이 바로 여기 있었다. 하지만 아주 간단한 계산으로도 이 보도가 틀렸다는 것을 밝힐 수 있다. 보도가 사실이라면 인간은 정말로 영원히 살 수 있어야 한다. 연구를 자세히 살펴보자. 매일 4시간씩 뛴다고 가정하면 수명이 매일 28시간씩 연장되는데 하루는 24시간이기 때문에 기대 수명은 매일 같이 늘어날 것이다. 그렇다면 영원히 살기 위해 지금 당장 조깅하러 나가야 하지 않을까?

왜 이런 제목이 만들어졌을까? 연구진은 연구를 위해 임의의 조깅 시간이 아닌 참가자의 평균 조깅 시간을 연구의 기준으로 잡았다. 이 기준도 실제로 측정한 것이 아니라 참가자가 작성한 '일주일에 두 시간'이라는 설문지 답을 토대로 정해졌다. 연구진은 하루에 조깅하는 시간이 길어질수록 조깅의 이점이 줄어든다는 사실과 함께 조깅으로 연장할 수 있는 수명은 3년 미만이라고 보고서에 분명히 밝혔다.

그렇다면 "조깅 한 시간이 수명 7시간을 연장한다"라는 연구 결과는 어떻게 나왔을까? 매주 두 시간씩 조깅을 하는 44세 실험 집단이 있다. 이들은 80세까지 156일, 즉 0.43년을 조깅에 쓸 것이다. 이 참가자들은 조깅을 하지 않는 참가자들보다 기대 수명이 평균 2.8년 더 길었다. 따라서 조깅을 약 한 시간 하면 일곱 시간 더 살 수 있다는 결과가 나온 것이다. 연구진은 조깅을 한 시간 추가할 때마다 수명이 일곱 시간씩 연장된다는 사실을 연구에서 언급한 적이 없을뿐더러 과도한 조깅은 오히려 심장병으로 인한 조기 사망의 위험을 높일 수 있다고 발표했었다.

결론은 이렇다. 언론의 기사 제목은 과학 연구에서 전혀 다루지 않은 사실에 대한 기대치를 높인다. 이 경우 조금만 생각해 봐도 허점이 보인다. 중병이 없는 사람의 건강 유지에는 정기 검진, 암 조기 진단, 근거 없는 예방약보다 걷기, 조깅하기, 춤추기와 같은 규칙적 움직임이 더 이롭다는 연구가 많이 나와 있다.[4]

생명의 비약,
커피

우리에게 에너지를 주는 커피는 우리의 수명을 연장할까? 아니면 오히려 단축할까? 커피는 오랫동안 술, 담배와 함께 매도되었다가 최신 연구를 통해 긍정적으로 주목받고 있다. 예를 들어 미국 국립 암 연구소는 50만 명을 연구하여 커피를 마시는 사람이 마시지 않는 사람보다 심혈관 질환과 암으로 사망할 빈도가 적다고 보고했다.[5] 이와 비슷한 많은 연구는 언론에서 종종 「커피가 수명을 연장한다」라는 제목으로 소개되었다.[6]

언론은 원인(커피 마시기)과 결과(수명 연장)를 암시하며 두 변수 사이에 인과관계가 있는 것처럼 제목을 지었지만 대부분의 과학 연구는 인과관계가 아닌 연관성, 즉 상관관계를 보고하며, 이 사실을 이미 제목에서 밝히는 경우가 많았다.

연구는 대부분 흡연 및 음주와 같은 다른 요인을 통제하고도 커피와 수명 사이에 연관성이 여전히 존재하는지 밝히려고 노력했다. 예를 들어 여성 간호사와 남자 의사 20만 명을 조사한 연구에서 다른 요인을 통제한 결과 커피를 마시는 집단이 더 오래 산다는 것을 알아냈다.[7]

커피를 하루 3~5잔 마시는 집단과 아예 마시지 않는 집단 사이에서 가장 큰 차이가 났다. 흥미로운 점은 일반 커피와 디카페인 커피에는 차이가 없었다는 것이다. 상관성과 인과성이 엄연히 다르다는 점은 아무리 강조해도 지나치지 않지만 대부분의 언론은 혼동해서 사용한다. 물론《슈피겔》처럼 연구를 정확하게 소개하며 인과관계와 상관관계의 차이를 확실하게 밝힌 언론도 더러 있었다. 상관관계가 인과관계처럼 보이는 효과는 커피 소비와 수명 연장을 동반하는 세 번째 요인을 통해 만들어진다. 활동적으로 사는 사람이 오래 살기도 하고 커피를 즐겨 마시기도 한다는 것이다.

커피를 마시는 사람은 커피가 수명을 연장한다는 말이 당연히 반가울 것이다. 하지만 지금까지 모든 연구는 커피와 수명의 인과성이 아닌 연관성만 증명했다. 인과관계를 밝히려면 실험자 천여 명을 앞으로 평생, 아니면 적어도 몇십 년 커피를 마시지 않을 집단, 하루에 1잔 마실 집단, 하루에 2~3

잔 마실 집단, 3잔 이상 마실 집단 등 무작위로 2~3개의 집단으로 나누어야 한다. 어떤 집단으로 배치되든 참여자는 아주 오랫동안 규칙을 지켜야 한다. 그래서 커피 소비와 관련한 무작위 연구는 불가능하다. 현재까지 발표된 연구들은 하루에 마실 커피 양을 참여자가 직접 결정했다. 참여자가 내리는 결정은 기대 수명에 영향을 미치는 여러 요인과도 관련이 있다. 이렇듯 과거에 수집한 데이터를 분석하는 비실험적 연구를 후향적 연구라고 하고, 연구를 시작함과 동시에 자료 수집을 시작하는 연구를 전향적 연구 또는 관찰 연구라고 한다.

효과의 크기

"효과가 있는가?"라는 질문보다 중요한 질문은 "얼마나 효과가 있는가?"다. 효과가 있기는 하지만 미미하다면 별 의미가 없다. 효과의 크기에 대한 질문은 두 가지 방식, 즉 상대 수치 또는 절대 수치로 답할 수 있다. 상대 수치로 효과를 나타내면 효과를 과대평가하여 비현실적인 희망을 품거나 불필요한 두려움을 갖게 된다. 그래서 언론은 강한 인상을 남기기 위해 기꺼이 상대 수치로 효과를 설명한다. 상대 효과와 절대 효과를 구분하지 못하는 사람이 많다. 커피를 하루

하루 커피 소비량	0	1	2~3	5(≥4)
참여자 수	7118	3598	8297	875
사망자 수	129	64	133	11
사망자 비율(%)	1.81	1.78	1.60	1.26
상대적 감소 비율(%)	–	1.66	11.60	30.39
절대적 감소량(%)	–	0.03	0.21	0.55

표 6.1: 하루 커피 소비량에 따른 사망.

에 2잔씩 마시는 사람은 향후 20~30년 안에 사망할 위험이 10퍼센트 낮다는 연구는 인상 깊게 다가온다. 과연 이 말은 커피를 하루 2잔씩 마시는 100명마다 10명이 덜 사망한다는 말일까? 아니다. 절대 수치 감소(감소량)와 상대 수치 감소(감소 비율)는 절대 같지 않다.

표 6.1에 해당하는 연구를 살펴보자. 스페인에서 진행한 이 연구는 10년 동안 1만 988명을 조사했다.[8] 전체 참여자 중에서 7,118명은 전혀 커피를 마시지 않는다고 진술했고, 3,598명은 하루에 1잔, 8,297명은 하루 2~3잔(평균 2.5잔), 875 명은 4잔 이상(평균 5잔)을 마신다고 진술했다. 사망 원인과

상관없이 모든 사망자 수를 집계하고, 전체 실험 참가자에 대한 사망자 비율을 계산한 결과 커피를 많이 마실수록 사망률이 낮았다. 10년 이내로 사망한 커피 신봉자는 1.1퍼센트에 그쳤고, 커피 중독자의 사망률도 1.26퍼센트밖에 되지 않았다. 이 효과는 두 가지 방법으로 설명할 수 있다. 첫째, 상대위험감소율Relative risk reduction, RRR이다. 커피를 1잔도 마시지 않는 사람과 하루 2~3잔 마시는 사람 사이의 사망률 차이, 즉 1.81(a)퍼센트와 1.60(b)퍼센트의 차이를 살펴보자. 상대위험 감소율은 다음과 같이 계산한다.

$$RRR = 100 \times (a-b) \div a$$

이 식을 계산하면 $100 \times (1.81-1.60) \div 1.81 = 100 \times (0.21 \div 1.81) = 11.60$퍼센트라는 값이 나온다. 사망자가 11퍼센트 감소한다는 말은 꽤 깊은 인상을 남긴다. 이번에는 절대 위험 감소율Absolute Risk Reduction, ARR로 0잔과 2~3잔의 효과 차이를 살펴보자.

$$ARR = a-b$$

공식대로 계산하면 0잔과 2~3잔 사이의 효과 차이는 0.21 퍼센트포인트로 굉장히 미미하다. 절대 위험 감소율을 이야기할 때는 퍼센트가 아니라 퍼센트포인트라는 단위를 사용한다.

언론은 왜 상대 위험 감소율을 선호할까? 커피를 하루 2~3잔 마실 때 사망률이 11퍼센트 감소한다는 보도가 절대 위험 감소를 나타내는 0.21퍼센트포인트보다 훨씬 강한 인상을 남기고, 하루에 5잔을 마실 때 사망률이 30.39퍼센트 감소한다는 보도가 사망률이 0.55퍼센트포인트 감소한다는 보도보다 더 많은 관심을 끌기 때문이다. 상대 수치는 더 많은 사람의 시선을 끌고, 더 많은 독자와 청취자의 관심을 집중시킨다. 거듭 말했듯이 상대 수치와 절대 수치를 구분하지 못해서 일어나는 일이다. 사람들은 사망자 30퍼센트 감소를 100명 중 30명이 덜 사망한다는 것으로 이해한다. 사실은 평균 0.55명 덜 사망한다고 이해해야 한다.

우리의 주의를 끌려고 용을 쓰는 언론만이 유일한 문제가 아니다. 상대 수치는 언론에서 보도하기 전 이미 논문이나 대학교의 연구 보도 자료에서도 언론과 같은 이유, 즉 대중의 이목을 끌기 위해 등장한다. 세계적으로 영향력 있는 의학 학술지 여섯 권에 실린 몇 무작위 연구를 분석한 결과 44

퍼센트의 연구 보고서 초록에는 절대 수치 없이 상대 수치만 기록되어 있었고 관찰 연구 결과의 경우 심지어 논문 79퍼센트가 상대 수치만 보고하고 있었다.[9] 이 연구들은 절대 수치와 상대 수치를 항상 함께 밝혀야 한다는 의학계 출판물의 무작위 대조군 연구 보고 지침CONSORT을 어겼다. 이렇게 규칙을 어기는 것은 관행으로 굳어졌고, 오랫동안 문제점으로 지적됐다. 특히, 의사들조차 상대 감소율과 절대 감소량을 구분하지 못하는 것은 안타까운 일이다.[10]

많은 의학 연구가 자체 규정을 따르지 않는 이유는 무엇일까? 다양한 이유 중 하나는 제약 산업의 압력 때문일 것이다. 제약 산업은 많은 연구를 재정적으로 지원한다. 그러다 보니 연구 결과에서 약품의 효과가 실제보다 더 좋아 보이기를 바란다. 연구 결과의 초록에 더 크고 뇌리에 오래 남는 상대 수치가 등장하는 이유다. 의학 학술지는 제약 산업에 재정적으로 의존하기 때문에 학술지 발행인은 규정을 위반해야 한다는 압박감을 느낄 때가 많다.[11] 제약 회사의 요구에 응하지 않으면 광고로 얻는 수익을 잃고, 병원 배포용으로 구매해 가는 수천 부의 판매 부수도 잃을 수 있다.

스트럴드블럭의
비극

영원히 사는 방법에 대한 질문은 실제로 영원히 살기를 소망하는 사람이 많다는 전제에서 출발한다. 인간은 정말로 영원히 사는 것을 원할까? 영원히 살기 위해 조깅을 하거나 조금이라도 오래 살기 위해 커피를 더 마시려는 사람이 있을까? 《이달의 잘못된 통계》에서 보험회사 에르고Ergo와 협력하여 대표 표본 3,200명에게 "의학적으로 가능하다면 영원히 살고 싶습니까?"라고 질문했다.[12] 응답자 25퍼센트만이 "그렇다"라고 대답했다. 12퍼센트는 모르겠다고 답했고 대다수는 "그렇지 않다"라고 답했다. 여성 응답자 중에서 영원히 살고 싶다고 답한 비율은 21퍼센트밖에 되지 않았고, 남성 응답자는 29퍼센트가 영원히 살고 싶다고 답했으며, 나이가 많아질수록 영원히 살고 싶다고 답한 비율은 줄어들었다 (18~30세는 35퍼센트가 "그렇다"라고 답했다). 영원히 살고 싶다고 답한 비율이 가장 높은 직업군은 공무원으로 41퍼센트에 달했다.

또한 연구는 오래 살기 위해 무엇을 실천할 수 있냐고 물었다. 결과는 놀라웠다. 한 번 예상해 보기를 바란다. 금주하

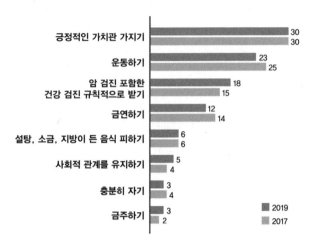

그림 6.1: 오래 살기 위해 독일인이 실천할 수 있는 일.

출처: 2017년과 2019년에 작성된 에르고(ERGO) 위험 보고서

기? 아니다. 그렇다면 금연하기? 그것도 아니다. 설탕, 소금, 지방이 많이 든 음식 줄이기? 역시나 아니다. 조깅하기, 움직이기, 또는 운동하기? 종종 언급되긴 했지만 가장 많이 언급된 답은 아니다. 그림 6.1에서 볼 수 있듯 오래 살기 위해 직접 실천할 수 있는 일은 삶에 대한 긍정적인 가치관 가지기, 그러니까 그냥 긍정적으로 생각하기였다.

영원히 살고 싶다고 답한 응답자 중 특히 공무원 41퍼센트에게 조너선 스위프트Jonathan Swift의 『걸리버 여행기』를 읽어보라고 권하고 싶다. 걸리버는 세 번째 떠난 여행에서 럭

낵Luggnagg에 도착한다. 럭낵 사람들은 공손하고 마음씨가 좋았다. 거기서 그는 스트럴드블럭Struldbrug이라는 종족에 대해 듣게 된다.

"어느 날 고귀하면서도 상냥한 사람들 사이에서 대화를 나누고 있었는데 한 고관대작이 나에게 죽지 않는 존재인 스트럴드블럭을 본 적이 있냐고 물었다. 나는 본 적 없다고 대답하고, 죽지 않는 존재의 의미를 설명해 달라고 부탁했다."

고관대작은 걸리버에게 럭낵에 가끔 이마에 붉고 둥근 점을 가지고 태어나는 아이가 있는데 이 아이는 절대 죽지 않는다는 사실을 알려주었다. 걸리버는 스트럴드블럭의 존재에 흥미를 느꼈다.

"나는 흥분해서 목소리가 커졌다. 모든 아이가 저마다 한 번쯤은 불멸의 운명을 꿈꿀 수 있는 나라이니 얼마나 행복한 나라인가! 오래된 미덕과 옛 지혜를 전수해 줄 수 있는 스승이 있는 민족이니 얼마나 행복한 민족인가!"

걸리버에게 공감할 수 없었던 럭낵의 고관대작은 스트럴드블럭의 생애를 더 자세히 설명해 주었다.

"그들은 서른쯤부터 침울하고 쇠약해지기 시작해서는 여든까지 점점 더 음침해집니다. 다른 여느 늙은이와 마찬가지로 망령이 나고 약해질 뿐 아니라 불멸이라는 끔찍한 미래에 대한 대가로 다른 사람보다 더 나약해집니다. 늘 투덜대고, 탐욕스럽고, 수다스러울 뿐만 아니라 사회성도 떨어지고, 사랑받고 사랑할 줄 몰라서 후손에게도 관심이 없습니다. 노망이 나서 아무것도 기억하지 못하는 스트럴드블럭은 그나마 운이 좋은 겁니다."

여든이 되면 법적으로 금치산자가 되어 생계를 위한 최소한을 빼고 모든 재산이 자식에게 상속된다. 가난해진 스트럴드블럭은 국가가 부양한다. 그들은 공직을 맡거나, 재산을 취득할 수 없고, 증인의 역할도 할 수 없다.

"아흔이 되면 이와 머리카락이 모두 빠집니다. 맛도 더는 구분할 수 없어서, 즐거움이나 식욕 없이 그저 주는 대로 먹을 뿐이죠."

그 후 걸리버는 실제로 몇몇 스트럴드블럭을 만난 후 '그들은 내가 살면서 만난 모든 사람 중에 가장 끔찍한 존재였다'고 생각했다.

행복도를
높이는 기술

영원히 살지 못한다면 사는 동안 행복하기라도 해야 하지 않을까? 하지만 우크라이나에서 일어난 전쟁, 독일의 난민 위기, 테러 위협, 브렉시트, 기후변화와 코로나19 사이에서 도대체 어떻게 행복할 수 있을까? 독일 민영 우체국 도이체 포스트Deutsche Post는 독일인의 행복도를 측정하여 매년《행복 지도》를 출판한다. 우체국이 무슨 수로 우리의 행복을 가늠 하는 것일까?

그 방법은 간단해도 너무 간단하다. 만 16세 이상 인구에 서 임의로 표본을 추출하여 0에서 10점 중 얼마나 자기 삶에 만족하는지 평가하게 한다. 2016년에 특별히 흥미로운 결과 가 나왔다.《차이트 온라인》과 뉴스 방송 호이테heute의 웹 사이트를 비롯한 많은 언론에서 설문 조사 결과를 다루었다. 「독일인의 행복도가 눈에 띄게 도약했다」라는 제목에서 이 미 연구 결과를 예상할 수 있다. 2015년에 터진 난민 위기에 도 불구하고 독일인은 더욱 행복해졌다! 2015년에 독일인은 7.0점만큼 행복했지만 1년 뒤 7.1점만큼 행복해진 것이다! 2019년에는 7.14점이라는 역대 최고치를 기록했다.

도이체 포스트는 지역 간 행복도의 차이도 적극적으로 비 교하며 높은 행복도를 보인 지역을 축하하고, 낮은 행복도를 보인 지역을 위로했다. 온라인 뉴스《에르페 온라인RP Online》 은 「뒤셀도르프 시민보다 행복한 쾰른 시민」이라는 제목으로, 황색 신문 《베체트 베를린B.Z. Berlin》은 「점점 불행해지는 베를린 시민」이라는 제목으로 도이체 포스트의 설문 조사를 보도했다.13 정말로 쾰른 시민은 뒤셀도르프 시민보다 행복할까? 정말로 베를린 시민은 삶의 기쁨을 점점 잃어가는 것일까? 이 질문의 답은 아마도 '아니다'일 것이다. 몇 해 전 조사 결과에 따르면 뒤셀도르프 시민들이 쾰른 시민보다 높은 행복도를 보였고, 베를린 시민의 행복 수치는 6.89에서 6.85로 떨어졌을 뿐이다.

이렇게 미미한 차이로는 절대 베를린 주민의 행복에 대한 충격적인 결론을 내릴 수 없고, 0.1 상승한 행복도를 근거로 독일인의 행복이 도약했다고 말할 수 없다. 도이체 포스트는 《행복 지도》에 대한 관심을 끌 수 있는 기사 제목이 쓰이도록 우연히 생긴 작은 변동을 인과관계로 둔갑시키고자 필사적인 노력을 했을 것이다. 언론의 관심을 끄는 일은 성공했지만 빛 좋은 개살구였다. 도이체 포스트는 《행복 지도》를 만드는 일이 아니라 우편 서비스가 다시 안정화되는 데 힘을 써야 한다. 2019년 연방 네트워크 기관에 접수된 우편배달 문제에 대한 고객 불만이 1만 8,000건을 넘어 사상 최고치를 기록했다.14 2년 전보다 눈에 띄게 늘어났다. 이런 차이를 바로 도약이라고 한다! 도이체 방크에서 더 나은 서비스를 제

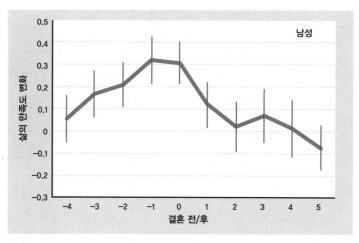

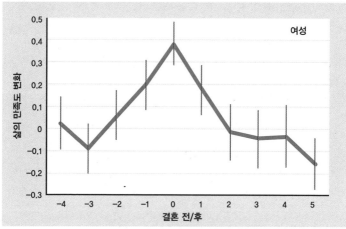

그림 6.2: 결혼 전과 결혼 후 삶의 만족도.[15]

공한다면 독일인의 행복도가 정말로 도약할지도 모른다.

하지만 이런 도약은 대부분 단기성이다. 그림 6.2는 결혼이 독일인의 삶의 만족도에 미치는 영향을 성별을 나누어 보여 준다. 동일 인물에게 결혼을 기준으로 5년 전과 5년 후 삶의 만족도를 물었다. 금방 사랑에 빠졌을 때는 여성과 남성 모두 삶의 만족도가 점점 올라가서 결혼 1년 전에 정점에 다다르지만 결혼 이후부터 하향 곡선을 그리기 시작한다. 사랑은 식고 삶의 만족도는 결혼 전과 별 차이가 없어지는데 더 침울한 것은 여성의 경우 결혼 3년 차부터 결혼 전보다 삶의 만족도가 더 낮아진다는 것이다. 남성의 경우 결혼 5년 차부터 삶의 만족도가 결혼 전보다 낮아진다. 만족도가 낮은 결혼 생활의 유일한 위로는 세금 혜택뿐이다.

7장
일찍 죽는
방법

조기 사망에 대한 경고는 수명을 늘리는 데 유용한 조언만큼이나 중요하고,《이달의 잘못된 통계》에서도 언제나 유용하게 사용한다. 이 주제는 특히 언론에서 가장 인기가 있는 만큼 모든 골치 아픈 오해가 담겨 있다. 독일 공영방송 ARD의 뉴스 프로그램 타게스샤우Tagesshau는 의학 학술지《도이체 에어츠테블라트Deutsche Ärzteblatt》에 실린 한 논문을 인용하여 미세 먼지가 흡연만큼이나 해롭다고 보도했다. 이 논문은 '미세 먼지 오염으로 인한 조기 사망이 30만 건에 이른다'는 내용으로 유럽 연합 환경청EEA의 연구를 바탕으로 쓰였다.[1] 환경청에 따르면 2019년 미세 먼지로 조기 사망한 사람은 전체 30만 7,000명이며 그중 독일인은 5만 3,800명이다. 시사 방송 모니토어Monitor는 환경청에서 밝힌 조기 사망 독일인 수가 너무 적다고 지적하면서 실제로는 10만 명 이상인데 그중 절반은 특히 가축 집단 사육에서 방출된 미세 먼지 때문이라고 보도했다.[2] 모니토어에 따르면 나머지 절반 중 6,000명은 이산화질소에 노출되어 사망했고, 3,350명은 지상의 공기 중에 포함된 오존에 노출되어 사망했으며,[3] 폭스바겐에서 배기가스 저감 장치를 조작하고 추가 배출한 오염 물질에 노출되어 독일에서 500명, 주변 국가에서 700명, 총 1,200명 사망했다.[4] 환경 오염으로 인한 사망자를 모두 따지면 3차 세계대전 수준이다. 유엔 환경청UNEP에 따르면 매년 전 세계에서 약 1.300만 명이 환경 오염에 노출되어 사망하는데, 전체 사망자의 약 25퍼센트가 환경 오염으로 사망하는 셈이다.[5]

조기 사망의 원인이 되는 환경 오염을 더 알고 싶은가? 미세 먼지 오염, 이산화질소, 오존으로 인한 사망자 외에도 녹지 공간 부족으로 인한 조기 사망자는 유럽 전역에서 연간 4만 명에 달하고,[6] 미국에서는 일상에서 노출되는 가소제로 인해 연간 10만 명이 조기 사망한다.[7] 그뿐만 아니라 전 세계 연간 500만 명이 운동 부족으로,[8] 1,100만 명은 영양실조로 조기 사망한다.[9] 이쯤 되면 조기 사망자 수치가 실제 사망자 수를 초과하는 것이 아닐까 하는 의심이 든다.

숫자는 강한 인상을 주기 때문에 언론은 숫자를 좋아한다. 조기 사망자가 무려 30만 명이라니! 작은 도시의 인구 전체가 조기 사망으로 사망했다는 뜻이다. 어느 도시의 인구가 30만 명인지는 몰라도 30만이라는 숫자는 기능적 문맹도 이해할 수 있다.

불확실한 통계 모델링, 조기 사망에 대한 모호한 정의, 잠재적으로 편향된 표본, 사망 원인과 시간 경과에 따른 사망률에 대한 매우 취약한 가정이 모두 종합되어 우리의 눈길을 끄는 경악스러운 숫자가 만들어졌다. 미세 먼지, 운동 부족, 녹지 부족의 직접적 영향을 받아 사망하는 사람은 없으며, 질병 및 사망 원인 국제 분류에도 이런 진단은 없다. 이러한 요인의 영향을 받은 질병으로 인한 사망을 고려해볼 수는 있겠지만 인과관계를 증명하기 어렵다. 심장 마비 사망자가 집단 가축 사육과 배기가스 저감 장치 조작 중 어떤 환경 문제가 초래한 유해 물질에 노출되어 사망했는지 아무도 정확하게 밝힐 수 없기 때문이다. 복권에 당첨된 사실을 듣고 깜짝 놀라서 심장이 멈춘 것일 수도 있다.

조기 사망을 수치화할 때 필요한 일종의 가정, 추측, 어림셈은 비판의 여지가 많고, 신뢰성도 떨어진다. 강한 인상을 남기는 조기 사망 통계의 기본 재료는 특정 환경에 노출된 사람의 수명과 노출되지 않은 사람의 수명을 비교하는 역학 연구인데 이 연구에 필요한 데이터는 오류가 발생하기 쉬운 관찰 연구를 바탕으로 한다. 관찰 연구에서는 다양한 인과관계를 식별하는 것이 관건이다. 예를 들어 애완조를 기르는 사람이 그렇지 않은 사람보다 평균 1년 일찍 사망한다고 해서 앵무새가 노인을 살해한다고 결론지을 수 없다. 이 억지는 1990년대 초 독일 내 애완조에 대한 우려의 목소리가 커지고 있을 때 독일 전역에 펴졌다. 애완조를 키우는 사람 중 흡연자 비율이 과도하게 높다는 사실이 밝혀진 후에[10] 애완조 히스테리는 빠르게 사라졌다.

오류투성이가 되는
지표

인과관계를 밝히는 데 어려움이 없고 환경 오염에 많이 노출된 사람이 적게 노출된 사람보다 평균 얼마나 일찍 사망하는지 정확한 수치를 제공하는 연구가 있다 하더라도 여전히 문제점이 남아있다. 도대체 몇 명이나 조기에 사망한다는 것인가? 언론은 조기 사망자 수로 우리를 놀라게 한다. 환경 오염으로 인해 조기 사망했다는 말은 환경이 오염되지 않았더라면 늦게 사망했을 것이라는 뜻을 내포하기 때문이다.

사실일까? 무엇을 근거로 이렇게 생각할 수 있을까?

이 질문에 답하기 위해 주로 사용하는 공식은 관련 논문에서 '기여분율Attributable Fraction, AF'이라는 이름으로 등장한다. 공식에 대해 자세하게 알 필요는 없다. 우리에게 중요한 것은 환경 오염에 많이 노출된 사람의 사망 위험률이 환경 오염에 적게 노출된 사람의 사망 위험률에 비해 얼마나 높은지 알아내는 것이다. 실제 연구에서는 절대 일어날 수 없는 일을 가정해 보자. 미세 먼지에 노출된 사람 중 1.1퍼센트와 노출되지 않은 사람 중 1.0퍼센트가 1년 안에 사망한다는 사실을 역학 연구를 통해 밝혔다. 이 가정을 위해 조기 사망에 영향을 미칠 수 있는 다른 모든 요인을 완전히 배제했다. 즉, 미세 먼지에 노출된 사람의 표본 중 줄담배를 피우는 사람은 제외했다. 이때 기여분율의 공식은 아래와 같다.

$$AF=(1.1-1.0) \div 1.1 = 0.1 \div 1.1 = 0.091 = 9.1\%$$

한 해 독일에서 사망하는 사람이 모두 50만 명이라고 가정했을 때, 위 공식에 따르면 50만 명의 9.1퍼센트, 즉 4만 5,500

	각본 1		각본 2		각본 3		각본 4	
	사망 연령/ 높은 노출도	사망 연령/ 낮은 노출도	사망 연령/ 높은 노출도	사망 연령/ 낮은 노출도	사망 연령/ 높은 노출도	사망 연령/ 낮은 노출도	사망 연령/ 높은 노출도	사망 연령/ 낮은 노출도
쌍둥이 1	78	79	79	79	79	79	78	79
쌍둥이 2	78	80	80	80	78	80	80	80
쌍둥이 3	80	81	78	81	80	81	79	81
조기 사망자 수	3		1		2		2	

표 7.1: 조기 사망에 대한 이상적 실험.

명이 미세 먼지 때문에 사망한다.

기여분율을 구하는 정석이 이렇다는 것이고, 현실에서 기여분율을 구하는 방법은 훨씬 더 복잡하며 방식에 따라 여러 가지 이유로 다양한 값이 나온다. 이 문제를 가장 잘 설명해 주는 일란성 쌍둥이 세 쌍의 가상 실험을 살펴보자. 한 명은 미세 먼지에 많이 노출되었고, 한 명은 노출되지 않는다. 수명에 영향을 끼칠 수 있는 다른 요인을 다 제거하고 쌍둥이 세 쌍, 총 6명이 모두 사망할 때까지 기다린다. 이렇게 이상적인 실험 환경은 모든 통계학자의 꿈일 뿐이다. 표 7.1은 사망 연령에 대한 네 가지 가상 상황과 그에 따른 조기 사망 건수를 함께 보여준다. 환경 오염에 노출된 집단은 평균 1년 일찍 사망하고, 각본마다 관찰되는 조기 사망 건수는 1~3건이다.[11]

첫 번째 각본을 살펴보자. 첫 번째 쌍둥이 중에서 환경 오염에 많이 노출된 한 명의 수명은 78세이고, 노출되지 않은 한 명의 수명은 79세다. 두 번째 쌍둥이 중에서 오염에 많이 노출된 한 명은 79세까지 살고, 노출되지 않은 다른 한 명은 80세까지 산다. 세 번째 쌍둥이의 수명은 환경 오염에 많이 노출된 한 명이 80세, 노출되지 않은 다른 한 명이 81세다. 조기 사망은 총 3건 발생하고, 쌍둥이 세 쌍을 비교하면 환경 오염에 노출된 한 명의 수명이 평균 1년 짧다.

두 번째 각본을 보자. 첫 번째 쌍둥이는 환경 오염 노출도와 상관없이 둘 다 79세에 사망한다. 두 번째 쌍둥이의 수명도 환경 오염 노출의 영향을 받지 않고 80세로 같다. 세 번째 쌍둥이의 경우에만 환경 오염에 노출되지 않은 한 명의 수명이 3년 더 길다. 이 각본에서는 조기 사망이 한 건밖에 없지만 환경 오염에 노출되면 평균 1년 일찍 사망한다는 결과가 나온다.

세 번째와 네 번째 각본에서는 조기 사망이 두 건 발생하고 환경 오염에 노출되면 수명이 평균 1년 짧아진다. 짧아진 수명만 보면 조기 사망 건수를 잘 헤아릴 수 없다. 다른 요인을 배제할 수 없어서 이미 오류투성이인 '손실 수명 연수'라는 지표는 조기 사망 건수를 계산할 때 또 한 번 조작되곤 한다. 이 숫자들은 진지한 뉴스에서 보도되어서는 안 된다.

관건은 짧아진
수명

표 7.1은 환경 오염에 적게 노출된 사람도 언젠가는 사망한다는 것을 확실히 보여준다. 이 표에서만이 아니라 실제 삶에서도 그렇다. 하지만 많은 언론은 조기 사망 원인만 아니라면 영원히 살 수 있을 것같이 보도한다. 실제로는 다른 이유로 사망할 뿐이다. 환경 오염의 해로운 영향을 올바르게 이해하기 위해서는 환경 오염으로 인해 평균 수명이 얼마나 단축되는지 알아야 한다.

2019년 미세 먼지 피해 사망자로 보고되는 30만 7,000명은 얼마나 조기에 사망한 것일까? 5분? 5시간? 5일? 5년? 이 정보가 환경 오염과 수명의 관계를 논할 때 가장 중요하다. 선진국 국민의 수명 단축에 가장 큰 영향을 미치는 요인은 흡연, 운동 부족, 비만, 과도한 음주다. 이러한 요인으로 인해 짧아진 수명은 환경 오염으로 인한 수명 단축의 위험을 평가하는 데 쓰인다.

표 7.1의 각 각본에서 환경 오염으로 인해 짧아진 수명은 정확히 1년이다. 역학에서는 먼저 사망자의 사망 정보와 주변 환경을 통해 단축된 수명을 추측하는데 조기 사망의 다른 요인을 배제하지 않을뿐더러 정답을 찾는 데 방해가 되는 함정이 가득한 표본을 기반으로 계산하기 때문에 결과를 신뢰할 수 없다.

우리가 이 점을 조금이라도 간과하면 유럽 연합 환경청의 간행물에 실린 숫자를 믿게 된다. 환경청에 따르면 2019년 전체 유럽 연합 회원국에서 미세 먼지로 인해 수명이 연간 370만 년 단축되었다.[12] 그중 독일에서는 56만 800년, 오스트리아에서는 5만 3,700년, 스위스에서는 3만 4,400년 수명이 단축되었다. 다시 말해, 8,300만 명이 사는 독일에서는 미세 먼지로 인해 한 사람당 매년 약 2.5일, 885만 9,000명이 사는 오스트리아의 경우 한 사람당 매년 약 2.2일, 854만 5,000명이 사는 스위스에서는 한 사람당 매년 약 1.5일의 수명을 잃었다는 뜻이다. 미세 먼지 이외에 이산화질소로 인해 독일에서 일어나는 조기 사망 6,000건은 평균 수명을 연간 6.5년씩 감소시키고, 지상 오존으로 인한 조기 사망 3,350건은 수명을 연간 4시간 감소시킨다.

독일에서 미세 먼지로 인해 연간 단축되는 수명 2.5일은 해를 거듭하며 더 큰 숫자가 되기 때문에 수명이 얼마나 단축되는지는 앞으로 몇 년을 더 사는지에 달렸다. 단축되는 수명을 계산하기 위해 연방 통계청은 '기대 여명'을 참고한다. 기대 여명은 특정 연령의 인구가 이후 몇 년 동안 생존할 수 있는지를 인간 생명에 대한 통계표인 이른바 생명표를 고려하여 구한다.[13]

이때 쓰이는 생명표는 지난 3년의 데이터에서 추정하여 같은 연도에 태어난 남성과 여성 중 각각 몇 퍼센트가 내년에 사망할지 보여준다. 최근 태어나는 남자아이의 평균 기대 여명은 만 79세며, 여자아이는 만 83세다. 미세 먼지에 비슷한 정도로 노출된다고 가정했을 때 전체 수명에서 남자아이는 평균 약 6.5개월, 여자아이는 약 7개월의 수명이 단축된다. 만 65세 남성은 앞으로 평균 18년을 더 살고 만 65세 여성은 21년을 더 산다. 이 집단이 미세 먼지에 노출되면 남자는 전체 남은 수명에서 평균 약 1.5개월, 여성은 약 1.75개월 수명이 단축된다. 이 숫자는 언론의 조기 사망 보도보다 덜 극단적으로 보이기 때문에 별로 언급되지 않는다.

하지만 최근 태어나는 남자아이는 정말로 평균 만 79세까지 살고 여자아이는 만 83세까지 살까?

기대 수명도 위에서 언급한 생명표를 바탕으로 한다. 하지만 생명표로는 최근 태어나는 아이들의 평균 기대 수명을 절대 구할 수 없다. 생명표는 연령별 연간 사망률이 미래에도 지금과 같다는 전제하에 최근 독일에서 태어나는 남자아이의 기대 수명은 평균 만 79세, 여자아이는 평균 만 83세임을 알려줄 뿐이다. 최신 사망표에 따르면 만 50세 독일 남성 0.32퍼센트는 만 51세가 되기 전 사망한다.[14] 만 50세 여성의 경우 0.32퍼센트가 만 51세 전에 사망한다. 하지만 이 모든 백분율은 2018~2020년 인구와 사망 정보를 근거로 한다. 2040년에는 쉰한 번째 생일을 맞기 전에 사망하는 만 51세 남성의 비율이 0.25퍼센트까지 줄어들 수도 있지 않을까?

지난 150년간 연령별 사망률은 의학 기술의 발전과 효과적인 감염병 관리 덕분에 지속적으로 줄어들었다. 앞으로 사망률이 눈에 띄게 감소하지는 않더라도 예측건대 계속해서 줄어들 것이고, 최근 태어나는 남자아이와 여자아이는 연방통계청에서 예측한 만 79세와 만 83세보다 훨씬 오래 살 것이다. 새로 태어나는 아이들에게는 좋은 소식이지만 국민연금에는 별로 반갑지 않은 소식이다. 많은 인구통계학자가 예측하기로 오늘날 태어나는 여자아이의 평균 기대 수명은 90세 이상이고, 21세기 중반부터 100세 이상 인구가 폭발적으로 늘어날 것이라고 한다.

우리를 둘러싼
위험 요소들

환경 오염으로 인한 사망과 달리 사고나 구체적인 질병으로 인한 사망은 원칙상 문제없이 조사할 수 있지만 그래도 잘못된 사망 진단은 항상 있었다. 특히 코로나 사망률을 놓고 벌어진 논쟁을 기억하는 사람이 많을 것이다. 코로나의 직접적 영향을 받은 사망자와 사망 당시 코로나에 감염된 상태였던 사망자를 똑같이 코로나 사망자로 정의할 수 없기 때문이다. 하지만 환경 오염으로 인한 조기 사망을 수치화하는 것과 비교하면 코로나 사망률은 능숙하게 다룬 편이다.

특정 질병이 앗아간 수명이나, 반대로 질병을 극복하고 얻어낸 수명을 예측할 때 완전히 잘못된 개념이 퍼지며 평균 수명과 관련된 혼란이 시작된다. 예를 들어 미세 먼지, 스트레스, 흡연 중 결정적으로 사망을 유발한 질병을 고려하지 않았기 때문이다. 현재 인류의 재앙인 암을 극복해도 수명은 겨우 평균 3년 연장될 뿐이고, 이후 일종의 항암 부작용으로 알츠하이머 및 심혈관 질환을 앓을 확률이 높다.

통계 이론 중 하나인 경쟁위험이론에서 다루는 내용이다. 이 이론은 위험 요소 하나를 제거하면 다른 위험 요소들이 자동으로 등장한다는 불편한 사실을 이야기한다. 경쟁위험 이론을 쉽게 이해하자면 우리가 태어나는 순간 평생 일어날 수 있는 사망 요인들이 원탁에 둘러앉아 우리의 목숨을 놓고 주사위를 던진다. 주사위에는 1~100까지 적혀있고, 가장 낮은 숫자를 던진 사망 요인이 이긴다. 중간 수는 우리의 기대 수명이다. 게임에 참가한 천연두가 실패하거나 다음 주자인 콜레라, 혹은 그다음 주자 결핵이 실패하면 숫자는 얼마나 더 커질 수 있을까? 즉, 많은 선수가 실패할수록 이후 더 많은 선수가 참가할 수 있다.

환경의 질이 높아서 모든 종류의 감염병 위험이 낮아질수록 암과 심장 마비로 사망하는 사람이 많아진다. 이게 바로 특정 원인으로 인한 사망자 수가 그 원인의 위험도를 가리키는 지표가 될 수 없는 이유다. 특히 언론이 우리에게 주는 확신과 달리 높은 암 사망률은 오히려 국가의 보건의료 체계가 잘 잡혀있고 자연 환경이 훼손되지 않았음을 의미한다. 2019년 독일의 모든 사망자 중 25퍼센트는 암으로 사망했다. 이와 비교했을 때 아이슬란드와 일본은 암 사망률 30퍼센트 이상을 웃돈다. 이들 국가는 기대 수명 또한 독일보다 훨씬 높다. 이런 이유로 높은 암 사망률이란 삶의 질이 높은 나라의 특징이라고 대략 이해할 수 있다.

혼란을 키우는
사망자 수

코로나 팬데믹 동안 보고된 사망자 수는 무슨 일이 일어나고 있는지 알려주기보다 우리를 혼란스럽게 했다. 통계 포털 사이트 슈타티스타는 2021년 2월 독일의 코로나 사망률을 3.02퍼센트라고 보고했다. 이에 반해 도이체 아츠트블라트는 사망률이 1.4퍼센트에 불과하다고 보고했고 미국 스탠퍼드 대학교의 저명한 의학통계학자 존 이오아니디스[John Ioannidis]는 0.5퍼센트 미만으로 평가했다.

데이터가 주는 일부 혼란은 데이터의 특징에 기인한다. 먼저 비율을 계산할 때는 분자와 분모가 필요한데 코로나 팬데믹의 경우 두 요소 모두 측정하기 어려웠다. 분자 자리에는 사망 당시 코로나 감염 상태였던 사망자 수가 아니라 코로나의 직접적 영향을 받은 사망자 수가 와야 한다는 것을 모두

가 이해하기는 했지만, 실제 통계에서는 다양한 방식이 사용되었다. 《슈피겔》은 코로나 사망자로 집계된 초고령자 환자 중 7퍼센트는 코로나 이외의 다른 원인으로 사망했다고 보도했다.[15] 즉, 코로나 외 다른 이유로 사망한 사망자 수도 코로나 사망자 통계에 사용된 것이다.

더 심각한 것은 사망률을 구할 때 분자 자리에는 통계학에서 소위 말하는 '유량 변수'가 오고, 분모 자리에는 '저량 변수'가 온다는 점이다. 이 차이는 자료 수집과 계산 과정에서 문제를 일으킨다. 특정 기간의 사망자를 가리키는 분자 자리의 유량 변수는 도대체 어떤 기간의 사망자를 측정하는 것일까? 이 분자는 특정 날짜의 인구수를 나타내는 분모로 나누어진다. 그렇다면 분모는 어떤 날에 어떤 인구를 측정한 값을 가리킬까? 한 나라의 모든 확진자 수와 감염자 수 중에 분모에는 어떤 수가 오는 것일까?

엄밀히 따지면 분모가 한 국가의 전체 인구를 가리킬 때만 사망률에 대해 말할 수 있다. 분모 자리에 코로나 감염자나 확진자가 온다면 이 계산값은 치사율을 나타낸다. 확진자와 감염자를 구분하기도 어려운 일이다. 코로나바이러스 감염자 중 유증상자는 3분의 1밖에 없었고 나머지 감염자는 면역체계가 침입자를 억제하여 증상이 없었다. 반면 로버트 코흐 연구소는 임상 증상과 관계없이 검사상의 모든 양성 판정을 코로나19 사례로 인정했다. 따라서 사고 환자나 임산부가 입원했을 때 기본적으로 받는 코로나 검사에서 양성을 판정받으면 증상이 없는데도 코로나 환자로 집계되었다.

역학에서는 '증례 치명률Case Fatality Rate, CFR'과 '감염 치명률Infection Fatality Rate, IFR'을 구분한다. 증례 치명률은 입증된 감염 사례의 사망률을 뜻한다. 증상이 없어도 확인된 모든 감염 사례를 집계하는 로버트 코흐 연구소의 방식과 실제로 증상이 나타난 감염 사례만 따지는 방식인 '증상 치명률'로 나뉜다. 다음으로 감염 치명률은 확진자뿐만 아니라 임상적으로 중요하지만 진단받지 않은 감염자도 함께 고려한다. 다시 말하자면, 감염되었어도 아무런 증상이 없어서 검사를 받지 않은 모든 감염자를 고려한다는 뜻이다. 무증상 감염자를 가려내는 일은 당연히 어려운 일이다.[16]

그림 7.1은 다양한 계산법을 한 번 더 요약 정리해서 보여준다. 분모 자리의 숫자가 일정하다고 가정하고, 분자 자리에 코로나로 인해 사망한 환자뿐만 아니라 코로나에 감염된 상태로 사망한 모든 환자를 집계한다면 코로나 사망률은 높아질 수밖에 없다. 또 다른 계산법을 살펴보자. 독일처럼 사망률 공식의 분자 자리에 모든 코로나 감염 사망자를 놓고

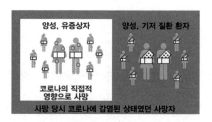

사망률 = 특정 기간의 인구수÷특정 기간 사망자 수

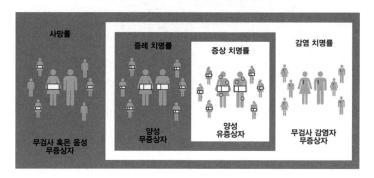

그림 7.1: 다양한 사망률 계산법.

각 치명률을 비교하면 감염 치명률은 증례 치명률보다 낮고, 증례 치명률은 증상 치명률보다 낮다. 사망률이 가장 높게 계산되는 경우는 증상 치명률 공식이다. 증상이 있는 확진 자 수만 분모 자리에 오기 때문이다. 매일 언론은 이렇게 다 양한 계산 방법을 뒤섞어 보도하는데 예를 들어 사망자 수를 확진자 수가 아닌 감염자 수로 나누면 사망률이 3분의 1로 줄어들 수도 있는 극단적 상황도 일어난다.

사망률의 분자, 즉 사망자 수에는 기간도 영향을 미친다. 즉, 사망자를 집계한 기간이 중요하다. 예를 들어 기간은 하루가 될 수도 있고, 일주일, 한 달, 코로나 팬데믹 기간 전체 혹은 감염된 순간부터 삶과 죽음의 경계에 놓인 순간이 될 수도 있다. 어떤 기간을 선택하냐에 따라 사망률은 매우 다양해진다. 집계 기간에 따라 사망률은 이론상 몇 년 안에 100퍼센트를 넘을 수도 있다.

설령 모든 나라가 분모와 분자를 똑같은 방식으로 정한다고 하더라도 서로 다른 국가별 인구 구조 때문에 의미 있는 국제 비교는 어렵다. 예를 들어 평균 연령이 독일보다 6세 젊은 미국은 전체 인구에서 80세 이상 인구가 4퍼센트지만 독일의 80세 이상 인구는 전체 인구의 6퍼센트를 차지한다. 즉, 어떤 연령보다도 80세 이상에게 코로나가 큰 위협이라는 배경지식을 기억한다면 미국의 코로나 사망률이 1.77퍼센트에 그친 데 비해 독일의 코로나 사망률이 3.02퍼센트에 달한다는 슈타티스타의 통계를 있는 그대로 받아들일 수 없다.

시공간을 초월한 비교를 올바르게 하려면 연령 구성을 표준화해야 한다. 그래서 통계학자 존 이오아니디스는 유람선 다이아몬드 프린세스Diamond Princess에서 발생한 코로나 사망과 다른 통계 자료를 기반으로 하여 표준 인구의 사망률을 0.5

퍼센트 미만으로 추정했다. 하지만 여기서는 '어떤 인구를 표준으로 삼을 것인가'라는 문제가 있다. 수많은 나라 중 어느 나라의 인구를 표준으로 삼아야 할까? 기준이 모호하기 때문에 나라별 사망자 수를 비교할 때는 절대 수치와 사망자 정의에 주의를 기울일 수밖에 없다. 또한, 국제적 비교는 진지한 통계가 아닌 흥미로운 숫자 놀음으로 봐야 한다.

8장

인공지능은
모든 걸 알고 있다

2016년 12월 19일 저녁 이슬람 테러리스트가 대형 트럭 운전자를 살해하고, 직접 차를 몰아 베를린 브라이트샤이트 Breitscheid 광장에서 열리고 있던 크리스마스 시장으로 돌진했다.* 이 사고로 12명이 사망하고 49명 이상이 다쳤다. 이듬해 내무부 장관은 '안전한 베를린 쥐트크로이츠역 Sicherheitsbahnhof Berlin Südkreuz' 시범 사업을 선보였다. 이 사업을 통해 안면 이식 시스템이 독일 내 안전을 위협할 것으로 의심되는 600명을 정확하게 식별하여 경찰의 업무를 줄일 수 있는지 조사하고

* 독일 전역에서 11월 말경부터 약 한 달 동안 열리는 전통 행사로 수많은 인파가 모인다.

자 했다. 2018년 10월 연방 내무향토부는 "안면 인식 사업이 성공적"이라고 자랑스럽게 발표했고, 연방 경찰청장은 이 기술을 통해 추가 경찰 조사 없이 범죄자를 식별하고 체포할 수 있으며, 이로써 보안 수준이 월등히 높아졌다고 보고했다. 연방 내무부 장관은 시스템의 기능을 확실한 방식으로 입증했기 때문에 이제는 광범위하게 도입할 수 있다고 발표하며 안면 인식 기술 도입에 적극적인 태도를 보였고, 이 기술을 통해 가능해진 전국적 통제는 안전을 위해 바람직하다고 확신했다.[1]

독일 정부 기관과 실무자들은 인공지능의 가능성과 한계를 오판했다. 인공지능의 가능성과 한계를 이해하는 데 필요한 통계적 사고력이 부족하기 때문이다. 과대광고, 최신 기술 맹신, 기술 회의주의, 종말론적 사고에서 보호해주는 통계적 사고 능력을 갖추기 위해서는 우선 디지털 위험 관리 능력이 필요하다. 즉, 디지털 기술의 가능성과 한계를 이해하고 디지털 세계에서 통제력을 갖기로 결심하는 능력을 의미한다.[2]

정치인과 경영인을 포함한 많은 사람이 통계적 사고력을 갖추지 못했기 때문에 디지털 기술의 가능성과 한계를 제대로 이해할 수 없다. 미국의 디지털 원주민Digital Natives 세대

3,000명을 조사한 연구에 따르면 96퍼센트는 웹 사이트의 신뢰도를 어떻게 판단해야 하는지 모르고, 독일의 닥스DAX와 엠닥스MDAX 구성기업의 간부 400명 이상 중 92퍼센트는 실무에서 식별할 수 있거나 기록으로 증명할 수 있는 디지털화 경험이 없는 것으로 드러났다.[3] 문제는 인공지능이 아니라 인공지능에 대해 이해가 부족한 것이다.

가짜 양성, 가짜 음성,
양성 예측도

내무부가 안면 인식 시스템에 열광한 이유는 보도 자료에 있던 두 숫자에 기인한다. 첫 번째 숫자는 세 가지 시스템을 테스트하여 얻은 결과 중 가장 우수한 시스템의 적중률인 80이다. 가상 인물로 시스템의 정확도를 실험했을 때 위험인물 100명 중 80명을 올바르게 인식했고 20명은 놓쳤다는 뜻이다. 두 번째 숫자는 오경보율 0.1이다. 오경보율 0.1퍼센트란 일반인 1,000명 중 1명을 위험인물로 잘못 분류할 수 있다는 뜻이다. 1,000명 중 1명만 오경보라니 완벽한 안면 인식 시스템이 아닐 수 없다!

두 숫자는 독일에서 가장 시청률이 높은 뉴스 방송 타게스샤우의 웹 사이트와 수많은 언론에서 비판 없이 반복 보도되었다. 그렇다면 위험인물로 분류된 무슬림과 수배자를 잡기 위해 최대한 빨리 모든 역에 안면 인식 시스템을 도입해야 하지 않을까? 더 나아가 중국처럼 모든 시민을 감시하기 위해 거리, 공공장소, 건물마다 카메라를 설치해야 하지 않을까?

보안을 위해서 감시를 정당화할 수 있는지는 늘 열띤 논쟁의 주제다. 보안을 중요하게 여기는 편에서는 감시가 보안을 위해 치러야 할 대가 같은 것이라고 주장하고, 다른 편에서는 시민의 기본 권리가 심하게 침해당할 것을 우려하며 카메라는 조지 오웰George Orwell의 소설 『1984』에 등장하는 '텔레스크린'의 전조 단계라고 주장한다. 하지만 두 집단 모두 공통으로 안면 인식 시스템에 대해 놓친 것이 있다면 바로 내무부 장관이나 경찰청장처럼 안면 인식 시스템의 정확성과 보안상의 이점을 이미 입증된 것으로 받아들였다는 점이다.

여기서부터 문제가 발생한다. 우선, 세 시스템 중 어떤 시스템도 한 번에 6개월이 걸리는 두 번의 테스트에서 적중률 80퍼센트를 달성하지 못했다. 또한 80퍼센트는 세 시스템이 달성한 적중률의 평균값도 아니다. 80이라는 숫자는 세 시스템이 위험인물을 맞춘 모든 경우를 합산해서 소급 적용한 값이다. 즉, 세 시스템 중 하나라도 위험인물을 맞추면 적중률에 포함해서 계산했다. 게다가 시스템에 입력된 수배자 사진과 경찰이 가진 범인 식별용 사진이 완전히 달랐다. 1차 테스트 전에 고화질 카메라로 지원자 312명을 찍었는데 201명이 참가한 2차 테스트 때는 1차 테스트 때 감시 카메라에 찍힌 사진을 사용했다. 즉, 테스트를 수행할 장소에서 찍은 사진을 사용하여 1차 테스트 시기에서 달성한 것보다 2차 시기에 훨씬 더 높은 적중률을 얻었다.

그뿐만 아니라 수집한 모든 데이터가 아닌 일부 데이터를 취사선택하여 적중률을 계산하고 어떤 기준으로 데이터를 선택했는지 명시하지 않았다. 이 모든 사실을 고려하면 안면 인식 시스템에 대한 평가를 전혀 신뢰할 수 없다. 하지만 정말로 흥미로운 사실은 따로 있다.

대규모 감시 시스템의 근본적 문제는 오경보에 있다. 오경보란 일반인이 안면 인식 시스템에서 '위험인물'로 잘못 분류되는 것을 의미한다. 실제 위험인물이 안면 인식 시스템에서 위험인물로 분류될 확률은 얼마나 높을까? 확률은 80퍼센트도 아니고 0.1퍼센트도 아니다.

대략 짐작만으로도 이 질문에 답할 수 있다. 매일 약 1,200만 명이 독일에서 기차와 지하철을 이용한다. 연구의 최종 보고서는 안면 인식 시스템이 인식해야 하는 위험 무슬림이 현재 약 600명이라고 밝혔다.[4] 쉽게 계산하기 위하여 독일 전체 인구 중 매일 역을 지나가는 시민의 비율과 똑같이 위험인물 600명 중 100명이 매일 역에 머문다고 가정하면 역에는 수배자 100명과 일반인 1,200만 명이 있다(그림 8.1).

이 시스템은 몇 명이나 위험인물로 인식할까? 빈도 수형도를 이용하여 쉽게 살펴보자. 시스템이 위험인물 100명 중 80명을 인식할 수 있다면, 역 이용자 1,200만 명의 0.1퍼센트인 1만 2,000명은 수배자로 잘못 분류된다. 따라서 카메라가 위험인물로 인식한 사람이 정말로 위험한 사람일 확률은 1만 2,080분의 80, 즉 1,000명 중 7명 또는는 0.7퍼센트다. 다시 말해 99.3퍼센트는 잘못된 경보라는 뜻이다.

알람이 울릴 때마다 사실 확인을 위해 경찰이 동원될 것이다. 역 전체를 감시할 때 하루에 오경보가 약 1만 2,000건 발생하고, 그중 35만 명이 불필요하게 점검받아야 한다. 엄청난 비용이 드는 매우 수고로운 일일 뿐만 아니라, 공항에 있는 통제 구역이 기차역에도 생겨날 것이다. 설령 위험인물이 600배 많다고 해도 결과는 별로 달라지지 않는다. 위험인물을 알리는 모든 경보 중 98.7퍼센트는 오경보이기 때문이다.

보도 자료에서 혼란을 일으키는 세 번째 숫자는 0.0018이

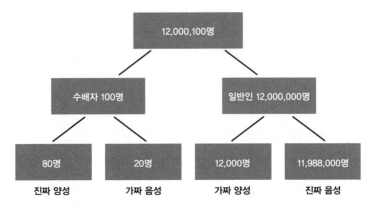

그림 8.1: 자동 안면 인식 시스템을 이용한 대규모 감시 빈도 수형도.

다. 세 시스템을 함께 가동하면 오경보율이 0.0018퍼센트까지 줄어든다고 한다. 하지만 그렇게 되면 적중률도 확실히 떨어진다는 점을 보도 자료에서 더 자세히 설명하지 않았다. 그래도 겁에 질린 시민은 시스템의 허점을 알아차리지 못한다.

베를린에 도입한 기술 자체는 문제가 되지 않는다. 진짜 문제는 정치가와 몇몇 언론이 안면 인식 시스템을 이용한 대규모 감시의 가능성과 한계를 이해하지 못한다는 점과 통계적으로 사고하는 방법을 배우지 못했다는 점이다. 영국의 한 연구도 대규모 감시 경보의 98퍼센트는 오경보라고 밝혔지만, 런던 경찰청장은 '최첨단' 기술 실험에 거는 기대가 크다며 안면 인식 시스템을 옹호했다.[5]

안면 인식 시스템을 극찬한 기사를 쓴 기자는 우선 통계적 사고력을 갖추지 못했다. 그 결과 오경보율 98퍼센트를 '가짜 양성 비율'로 잘못 표기한 것으로도 모자라 가짜 양성 비율을 이른바 양성 예측도로 잘못 정의했다. 가짜 양성 비율과 양성 예측도는 완전히 다른 개념이다.

가짜 양성 비율: 위험인물이 아닌 사람 중 얼마나 많은 사람이 위험인물로 잘못 분류되나? 쥐트크로이츠역에서 실험한 결과 가짜 양성 비율은 0.1퍼센트였다.

양성 예측도: 시스템이 위험인물로 분류한 사람이 실제로 위험인물일 확률은 얼마나 높은가? 쥐트크로이츠역 실험의 양성 예측도는 1퍼센트였다. 위험인물로 분류한 사람 중 99퍼센트는 일반인이었다.

그림 8.1은 두 값을 구하는 방법을 보여준다. 가짜 양성 비율과 양성 예측도를 구분하지 못하면, 0.1퍼센트라는 오경보율을 보고 99.9퍼센트의 경우에 시스템이 올바르게 분류할 것이라 착각하는 전형적인 사고의 오류를 범할 수 있다.

숫자에 눈이 어두운
정치인들

통계적 사고는 디지털 기술의 정확성을 이해하고 의심하는 데 정치인, 경찰서장, 언론인뿐만 아니라 많은 일반 시민에게도 도움이 될 것이다. 쥐트크로이츠역 사업은 2017년 드메지에르주 내무부 장관이 시작했다. 안면 인식을 통한 대규모 감시가 대량 오경보로 이어질 것은 예상되던 바였다.

일례로 같은 해 카디프 경찰은 축구팀 레알 마드리드와 유벤투스의 챔피언스 리그 결승전에서 관중 17만 명의 얼굴을 점검했다. 관중 2,740명이 데이터베이스에 저장되어있던 범죄자의 사진 50만 장과 일치했다. 하지만 2,740명 중 93퍼센트는 오경보였다.[6]

아마존도 안면 인식 시스템으로 실험을 했다. 미국 국회의원 535명의 사진과 범죄자 데이터베이스의 사진을 비교한 결과 의원 28명이 범죄자와 일치했지만 모두 오경보였다.

쥐트크로이츠역 사업이 끝나갈 무렵 주 내무부 장관이었던 호르스트 제호퍼Horst Seehofer 장관도 기저율이 낮을 때는 낮은 오경보율도 허용할 수 없을 정도로 많은 오류를 만들어낸다는 사실을 모르는 듯했다. 트위터에서 한 이용자가 이 사실을 정확히 설명하자 기독교사회연합당 소속 국회의원 모니카 홀레마이어Monika Hohlemeier는 그에게 수학 지식이 부족하다고 비난했다. "수학 공부 좀 하셔야겠어요. 0.1퍼센트라는 오류 비율은 기술이 최적화된 상황에서 적중률 99.9퍼센트라는 뜻이잖아요. 최상의 방법이죠."[7]

홀레마이어는 위에서 설명한 사고 오류의 희생양이다. 오류를 지적하는 이용자들이 많아지자 그는 실수를 인정하기는커녕 오류 비율보다 안면 인식 시스템의 목표가 더 중요하다며 급하게 말을 바꿨다. "저도 추측통계학을 압니다. 확률 계산법도 알고요. 하지만, 얼마나 많은 사진을 찍고 지우냐보다 중요한 것은 범죄를 예방하는 효과와 범죄자를 교육하는 효과라는 것을 말하고 싶었습니다."

그림 8.1처럼 빈도 수형도를 이용하면 숫자 사이의 관계를 쉽게 이해할 수 있다. 혼란스러운 확률이 아닌 자연수를 쓰기 때문에 '자연 빈도 수형도'라고 불리기도 하는 빈도 수형도는 '베이즈 정리'를 설명하는 가장 직관적인 방법이다. 자연 빈도를 사용하면 초등학교 4학년 학생들도 검사상 양성 결과의 의미를 이해할 수 있음을 많은 실험에서 증명했다. 바이에른 교육부는 우리의 실험을 통해 통계적 사고의 필요성을 깨달았고,[8] 이제 바이에른의 모든 11학년 학생들은 통

계를 이해하는 기술과 여기에 필요한 통계적 사고를 배울 수
있게 되었다.

검색 기록은 당신이
누구인지 보여준다

검색 엔진은 정보를 대량으로 생산한다. 구글만 하더라도
매일 30~40억 건이 검색된다. 데이터는 새로운 시대의 석유
이자 금이라고 이야기되곤 한다. 질병을 일찍 발견하고 감
염병 확산을 즉각 예견하는데도 이 금을 사용할 수 있지 않
을까?

질병을 예측하는 데 데이터를 이용한 가장 유명한 시도는
구글 독감 동향Goole Flu Trends이다. 구글은 2007~2015년 이 프로
그램을 활용하여 매주 독감의 확산을 예측했다. 빅 데이터는
검색어 5,000만 개와 통계 모델 1억 개 이상을 분석했다.

빅 데이터를 다룬 베스트셀러와 언론은 구글 독감 동향 프
로그램이 빅 데이터의 대성공을 보여준다고 환호했다.[9] 하
지만 얼마 지나지 않아 프로그램의 예측이 구조적으로 잘못
되었다는 것이 드러났고, 그 후 구글의 엔지니어가 더 정교
하고 정확하게 수정해 보려 여러 차례 시도했지만 실패했다.

구글 소속이 아닌 전문가들은 지난 8년간의 모든 빅 데이터 자료보다도 독감과 관련한 지난주 병원 방문을 보여주는 단일 자료가 독감 동향을 훨씬 더 정확하게 예측할 수 있음을 입증했다.[10] 적을수록 좋을 때도 있다.

결국, 구글 독감 동향은 소리 소문도 없이 사라졌다. 빅 데이터에 열광하던 언론도 조용했다. 프로그램의 허점을 통해 배울 수 있었던 교훈은 언론 어디서도 언급되지 않았다. 바로, 안정적인 세계의 법칙이다.[11]

예를 들어 빅 데이터는 체스 게임이나 천문학 예측과 같이 체계적이고 안정된 상황에서만 제 기능을 한다. 반면에 하루 아침에 급변하는 불확실한 상황에서는 빅 데이터를 믿을 수 없다. 바이러스나 인간사가 그 예다.

빅 데이터, 즉 과거에 대한 데이터는 불확실한 상황에서 혼란을 일으킬 수 있다. 다가오는 불안정한 미래는 과거와 다른 양상을 보이기 때문이다. 그래서 지난주 병원 방문 빈도와 같은 단일 최신 정보가 미래를 예측할 때 대규모 데이터보다 더 정확할 수 있다.

췌장암을 예측하는
마이크로소프트 검색 엔진

구글 독감 동향 프로그램이 조용히 기억 속에서 사라져 갈 때쯤 마이크로소프트와 미국 컬럼비아 대학교가 모험을 강행했다. 이번에는 독감 조기 경보가 아니라 치명적인 암 중의 하나인 췌장암 조기 진단이었다.[12]

마이크로소프트가 개발한 검색 엔진 빙Bing에서 웹 서핑 중이라고 상상해 보자. 돌연, "주의! 췌장암 징후가 보입니다. 빠른 시일 안에 병원에 가세요"라고 적힌 알림창이 뜬다면 어떤 기분이 들까? 심장 마비가 올만큼 불안해질까? 혹은 빨리 유언장을 작성해야겠다는 생각이 들 만큼 알림창을 진지하게 받아들일까? 아마도 둘 다 아니겠지만 인공지능이 검색어를 근거로 이용자의 병을 인식하고 생명을 구한다면 기적이라 부를 수 있을 것이다.

많은 언론이 깊은 인상을 받은 것 같이 보였다. 일간지《쥐트도이체 차이퉁》은 온라인 뉴스에서 「검색 엔진을 통한 암 진단」이라는 제목으로 "모든 경고의 5~15퍼센트는 암을 성공적으로 조기에 발견했고 매우 낮은 오경보율이 특히 인상적이다. 이용자 1만 명 중 암에 걸린 것으로 잘못 분류된 이용자는 1명밖에 없었다"라고 보도했다.[13] 《뉴욕 타임스The New York Times》는 마이크로소프트 검색 엔진의 조기 진단이 환자의 5년 생존율을 3퍼센트에서 5~7퍼센트로 높인다고 보도했다.

마이크로소프트의 연구와 언론 보도를 더 자세히 살펴보자. 마이크로소프트 연구진은 이유 없는 체중 감소나 알코올 중독과 같은 위험 요인을 기준으로 사용자 640만 명의 검색어를 조사하고, 예를 들어 "췌장암에 걸리는 이유"와 같은 검색 유형을 통해 나중에 실제로 암 진단을 받은 이용자를 식별하려고 했다. 통계 자료에 늘 허점이 있듯 이 연구에도 허점이 있다. 암 진단을 받았다고 분류된 이용자 데이터는 연구진이 직접 사실을 조사하여 얻은 결과가 아니다. 아무렴 어떠한가? 생존율이 두 배로 늘었으면 된 것이고, 검색 엔진 빙이 목숨을 구하면 다행인 것이다.

그렇다면 검색 엔진이 우리 목숨을 구할 수 있다는 것은 사실일까? 그렇지 않다. 5년 생존율 증가는 조기 진단이 목숨을 구한다는 것과 아무런 상관이 없다. 침윤성 암으로 70세에 사망하는 사람 100명이 있다고 가정해 보자. 조기 검진을 받지 않아 암이 늦게 발견되면 5년 생존율이 낮아진다. 반면에 조기 검진을 받는다면 암은 일찍 발견될 것이고 5년 생존율은 높아질 것이다. 즉, 암으로 70세에 사망하는 100명은 건강하게 하루를 더 오래 사는 것이 아니라 암을 진단받은 채 더 오래 살 뿐이다. 많은 연구에서 조기 진단 이후의 더 높은 생존율은 낮은 사망률과 서로 상관이 없음을 밝혀냈다.

혼란을 일으키는 생존율의 속임수는 어제오늘 일이 아니다. 일례로 여성들은 수십 년째 유방암 조기 검진에 속고 있다.[14] 같은 속임수를 써서 이제는 빅 데이터를 신뢰하도록 설득하는 것일 뿐이다.

가짜 양성 비율이 1만 건당 1건밖에 되지 않는다는 언론의 보도를 어떻게 이해해야 할까? 스위스 일간지《타게스 안차이거Tages-Anzeiger》는 '오경보 거의 없음'이라고 강조하여 보도하기까지 했다.[15] 이 말은 알고리즘에 의해 암 환자로 분류된 이용자의 결과에 오류가 거의 없다는 뜻일까? 정답은 역시나 "아니다"이다.

안면 인식 프로그램을 설명할 때와 비슷한 방식으로 쉽게 설명하기 위해[16] 이용자 10만 명 중 10명이 췌장암이고, 이 10명은 그 사실을 모르고 있다고 가정해 보자. 검색 엔진 빙의 암 인식률을 위에서 말한 5~15퍼센트의 중간인 10퍼센트라고 설정하면 빙은 암 환자 10명 중 1명만 암 환자로 분류하고 나머지는 건강한 사람으로 분류한다. 가짜 양성 비율이 1

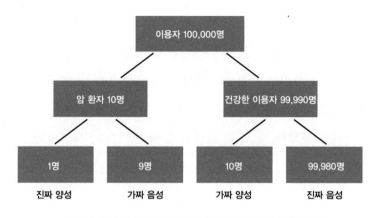

```
이용자 100,000명
```

```
암 환자 10명          건강한 이용자 99,990명
```

```
1명        9명        10명        99,980명
진짜 양성   가짜 음성   가짜 양성    진짜 음성
```

그림 8.2: 빙의 빅 데이터가 내리는 암 진단은 얼마나 정확한가?

만분의 1이기 때문에 실제로는 건강한 이용자 9만 9,990명
중 10명을 암 환자로 예측한다. 즉, 암 환자로 분류한 11명 중
1명만 췌장암을 앓고, 나머지 10명은 건강하며, 알고리즘에
의해 암 환자 의심되는 통보를 받은 90퍼센트의 이용자가 잘
못 분류되었다는 뜻이다. 따라서 암 경고가 옳을 확률은 11
분의 1, 즉 약 9퍼센트다. 가짜 양성 비율이 낮아도 췌장암같
이 드문 질병에 대한 가짜 양성 비율은 전체 양성 비율에 비
해 높은 편이다.

또 한 가지 짚고 넘어가자면, 빅 데이터의 가짜 양성 비율
이 아무리 낮아도 병원에서 받는 검사보다 더 정확할 수 없
을뿐더러 병원 검사와 같이 독립적인 검증에 부합할 수 있을

지도 확신할 수 없다. 빅 데이터 이전에도 암과 벌이는 전쟁의 새로운 무기에 대한 희망이 몇 주마다 한 번씩 근거 없이 퍼졌다가 사라지곤 한 것처럼 마이크로소프트의 암 조기 진단 알고리즘도 얼마 지나지 않아 더는 거론되지 않았다. 구글 의사 선생과 빙 의사 선생에게 빅 데이터는 사업에 필요한 수단이지 더 나은 의료를 위한 수단은 아니었다.

성 정체성을 식별하는
페이스북의 '좋아요'

구글 알고리즘이 우리보다 우리 자신을 더 잘 안다거나 "페이스북에서 어떤 글에 '좋아요'를 눌렀는지 보면 정체성이 드러난다"라는 말이 있다. 많은 연구에서 온라인 심리 검사와 페이스북 프로필을 통해 이용자의 성 정체성 파악을 시도했다. 스위스 주간지 《마가친Magazin》은 페이스북 '좋아요'를 분석하여 88퍼센트의 정확도로 남성 이용자의 성 정체성을 예측할 수 있다는 한 연구 내용을 기사에 실었다. 즉 남성 100명 중 88명의 성 정체성을 맞추고 12명의 경우에만 오류가 있다는 것이다.

하지만 기자는 연구를 잘못 해석했다. 연구에서 언급한 88

퍼센트라는 숫자의 의미는 《마가친》과 타 언론들이 해석한 내용과는 조금 달랐다.[17] 88은 '곡선 아래 면적area under the curve (이하 AUC)'이라는 통계량이다. 이성애자 남성과 동성애자 남성 한 쌍을 놓고 알고리즘이 두 사람 중 동성애자 남성을 맞출 확률이 88퍼센트라는 뜻이다. 동전 던지기를 해도 50퍼센트에 달하는 AUC는 이성애자와 동성애자의 비율이 같을 때처럼 매우 구체적인 상황에 쓰인다. 따라서 88퍼센트라는 수치는 알고리즘이 실생활에서 동성애자 남성을 얼마나 잘 식별해낼 수 있는지를 증명하지 않는다.

실생활과 AUC의 조건에는 무슨 차이가 있을까? AUC는 동성애자와 이성애자의 기저율을 인위적으로 똑같다고 가정한다. 그래서 이 알고리즘으로 현실 속 남성의 성 정체성을 밝히려고 하면 동성애자의 기저율을 알아야 한다는 문제에 직면한다. 동성애자 남성의 비율이 10퍼센트라고 가정하면 남성 1,000명 중 100명은 동성애자고, 900명은 이성애자라는 뜻이다. 그렇다면 알고리즘이 동성애자라고 가리킨 남성이 실제로 동성애자일 확률은 얼마나 될까? 이 경우에도 수형도를 사용하면 자연 빈도를 쉽게 이해할 수 있다(그림 8.3)

단순하게 페이스북 알고리즘의 적중률은 80퍼센트, 가짜 양성 비율은 20퍼센트(AUC 88퍼센트에 해당)라고 가정해 보자.

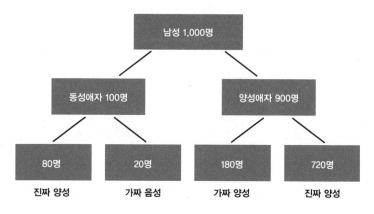

동성애자 100명 중 80명을 정확히 인식하고 나머지 900명의
이성애자 중에서는 180명이 동성애자로 잘못 분류될 것이
다. 알고리즘이 동성애자로 밝힌 남성이 실제로 동성애자일
확률은 31퍼센트다(80÷(80+180)=0.31). 하지만 31퍼센트보
다는 AUC 88퍼센트가 훨씬 강하게 뇌리에 남는다.

이게 다 무슨 뜻인가? 실제 상황에서 '동성애자'를 식별하
면 안면 인식 프로그램을 통한 대규모 감시에서 발견한 오류
만큼 극단적이진 않더라도 오류가 상당히 많을 수밖에 없다
는 뜻이다. '좋아요'를 누른 게시물을 통해 여성 이용자의 성
정체성을 분석하는 경우 남성 이용자의 성 정체성을 분석할
때보다 틀린 예측이 더 많이 나온다.

페이스북의 분석보다 더 정확한 방법이 있다. 바로 성 정체성에 대해 직접 물어보는 것이다. 모두가 진실하게 답하지는 않을테니 적절하지 않다고 생각할 수 있겠다. 동의한다. 어느 쪽이든 부적절한 방법이기는 하다.

9장

틀릴 수 없는
예측

예측이 항상 틀리는 건 아니다. 하지만 진짜 예측은 거의 늘 틀린다. 독일의 옛 농민들이 쓰던 속담 중 "수탉이 퇴비 더미 속에서 울면 날씨가 변하거나 그대로 유지된다"라는 예측은 진짜 예측이 아니다. 이 예측은 매번 옳기 때문이다. "A면 B다"라는 유형 중에서도 B 부분이 늘 사실인 유형의 예측이다. 따라서 이 예측은 늘 사실이고, 예측으로서의 가치가 없다.

진짜 예측이란 원칙상 잘못될 수도 있는 예측이며, 보통 어긋나는 경우도 많다. 신랄한 풍자가 마크 트웨인의 말을 빌리자면, 모든 예측 중에서도 특히 미래에 대한 예측이 제일 어렵다. 가장 어렵고 가장 대담한 예측은 A 부분이 완전히 생략된 예측이다. 이러한 예측을 '무조건부 예측'이라고 한다. 이에 비해 조건부 예측은 조건을 뜻하는 A 부분이 있고, A가 실현되는 경우에만 예측의 유효성을 따진다. 조롱에 개의치 않던 역사 속 용감한 이들의 무조건부 예측을 살펴보자.[1]

"운전을 업으로 삼은 사람이 부족하단 이유 하나만 보더라도 전 세계 자동차 수요는 100만 대를 초과하지 않을 것이다."
1901년, 세계 최초의 오토바이와 모터보트 설계자 고트립 다이믈러Gottlieb Daimler

"유럽에서 큰 전쟁은 절대 일어나지 않을 것이다."
1913년, 스탠퍼드 대학교 총장 데이비드 스타 조던David Starr Jordan

"영화관의 인기는 금세 사그라들 것이다."
1916년, 찰리 채플린Charlie Chaplin

"전 세계에서 컴퓨터 수요는 최대 다섯 대뿐일 것이다."

1943년, 글로벌 IT 정보기업 IBM의 초석을 다진 토마스 J. 왓슨Thomas J. Watson

"내가 살아있는 동안 영국에서 여성 총리가 나오는 일은 없을 것이다."

1974년, 영국 최초 여성 총리 마거릿 대처Margaret Thatcher

"독일에 통일은 있을 수 없다"

1989년, 당시 국회의원이자 이후 독일 7대 연방총리 게르하르트 슈뢰더Gerhard Schröder

"인터넷의 능력은 과장되었으며, 인터넷으로 돈을 버는 사람은 절대 없을 것이다."

1995년, 빌 게이츠Bill Gates

유럽에서는 제1차 세계대전이 터지기 1년 전, 전쟁은 일어나지 않을 것이라던 예측이 널리 퍼졌다. 지금은 기이하게 들리지만 당시에는 이 예측을 믿는 사람이 많았다. 전 세계에 번역된 소설 『1913년 세기의 여름』의 작가 플로리안 일리스Florian Illies가 책을 통해 자세히 이야기한 것처럼 당시 사람들은 영국 작가 노먼 에인절Norman Angell을 신뢰했다. 여러 판을 찍어내고 다양한 언어로 번역된 베스트셀러 『대환상The Great Illusion』을 통해 에인절은 "모든 나라의 경제가 이미 긴밀한 관계에 있기 때문에 세계화 시대에 세계 전쟁은 불가능하다"라고 말했다. 당시 스탠퍼드 대학교 총장 조던도 "은행가는 전쟁을 위해 그 큰돈을 운용하지 않을 것이고 산업 때문에라도 전쟁은 오래가지 않을 것이며 정치인은 전쟁을 시작할 수 없다. 그러므로 큰 전쟁은 일어나지 않을 것이다"라고 예측했다. 지난 역사에서 범한 실수에서 배운 것이 없다는 것은 무엇보다도 현재 우크라이나와 러시아 전쟁에서 드러난다.

성경이 쓰인 시대를 살았거나 노스트라다무스가 아닌 이상 예언자는 난처한 상황을 피하고자 미래에 대한 예언 앞에 보통 A라는 조건을 붙인다. 무조건부 예측이 맞으려면 예측이 매우 모호해야 한다.

이 방법으로 노스트라다무스는 원자 폭탄, 제2차 세계대전, 독일 통일, 다이애나 왕세자비의 죽음을 예언했다. 오늘날까지도 황색 신문은 이런 종류의 별자리 운세를 만들어 낸다. "내일 당신은 한 사람을 만날 것인데 그 사람은 당신의 인생을 변화시킬 수도 있습니다." 하루 중 다른 사람을 한 명도 마주치지 않는 사람이 있을까? 병원의 집중 치료실에 누워있다고 하더라도 늘 간호사를 마주친다. 그 간호사와 결혼이라도 한다면 실제로 그 사람이 우리의 인생을 바꾼 셈이다. 결혼하지 않았더라도 할 수도 있었던 것이니 별자리 운세는 옳다.

"일어날 일을 예언하던가 일어날 시기를 예언하라. 하지만 절대 두 가지를 동시에 예언해서는 안 된다." '예언의 황금률'이라고 불리는 농담이다. 그런데 실제로 이 원칙을 따르는 예언자들이 있다. 정확하지 않은 예측으로 생계를 유지하는 주식 시장 전문가가 얼마나 많은가? 호경기 이후에 언젠가는 불경기가 온다는 예측은 늘 맞을 수밖에 없다. 지구는 종말을 맞을 것이다. 늦어도 60억 년 후에는 태양이 적색거성으로 팽창하여 지구와 다른 가까운 행성들을 집어삼키는 일이 반드시 일어날 것이다. 그러면 지구는 백색왜성이 되겠지만, 그 이후의 이야기는 우리의 관심사가 아니다.

예측이 이루어지기를 바란다면 현실을 예측의 관점에서 재해석할 수도 있다. 기독교 성경 복음서 저자들이 주로 쓴 방법인데, 특히 마태복음을 쓴 마태는 영웅 예수 그리스도를 다윗 왕의 자손으로 소개하기 위해 모든 노력을 기울였다.

선지자 사무엘이 '다윗의 집에서 메시아가 날 것이다'라고 예언했기 때문에 예수가 다윗의 자손이라는 식으로 예수 부모의 가족사가 다시 쓰였다.

예언자는 늘 옳다

조건부 예측은 A 부분이 실현되면 B 부분은 논리적으로 일어날 수밖에 없는 형식을 가지기도 한다. 항상 옳기 때문에 진짜 예측이라고 볼 수 없는 이러한 추측은 코로나 팬데믹 동안 넘쳐났다. "1년 동안 감염재생산지수가 2에 머무르면 내년에는 독일인 6,000만 명이 코로나에 감염될 것이다." 너무 당연하지 않은가? 언젠가 이런 말도 있었다. "고등학교를 졸업하고 일을 시작해서 매달 15만 원을 저금한다면 정년 퇴직할 때 이자 3퍼센트를 합쳐서 1억 5,000만 원을 돌려받을 것이다." 은행들은 이처럼 저축 계좌를 광고할 때 높은 이자율과 높은 예상 수령액을 이야기하며 고객의 구미를 당겼었다. 물론 이자율이 3퍼센트에서 0퍼센트로 바뀌기 전까지의 이야기지만 말이다.

반박 불가능한 논리적 진술이 모두 예측이라고 매도하려는 것은 아니다. 손가락을 움직여 계산 가능한 예측은 종종 가능성의 범위가 너무 넓을 때 경계를 만들어주기도 한다. 예측의 경계를 분명히 나타낸다면 통계적 관점에서 문제가 없지만 조건, 즉 A 부분을 생략하거나 정확하게 지정하지 않으면 전체 예측이 의심스러워진다고 《이달의 잘못된 통계》에서 여러 번 비판했다. 예측 조건의 적합성을 살펴봐야지만 예측이 전달하는 정보를 정확하게 평가할 수 있다. 2021년 초, 전 연방 총리 앙겔라 메르켈Angela Merkel의 연설에서 "영국에서 시작한 변이 바이러스를 막지 못하면 부활절 연휴까지 발병률은 열 배로 뛸 것입니다"라는 예측을 보면 영국에서 출발한 악명 높은 변이 바이러스에 대해 어떤 가정이 위예측에 영향을 끼쳤는지 궁금해진다.

로버트 코흐 연구소도 알파 변이 바이러스가 어떤 감염 양상을 보일지 대담하게 예측했다(그림 9.1 참조). 하지만 대중은 로버트 코흐 연구소가 검은 곡선을 이용하여 바이러스 전파율의 가파른 상승을 예측했다는 것만 기억할 뿐, 예측이 얼마나 불확실한지는 알지 못했다. 그래서 실제 알파 변이 바이러스가 예측보다 훨씬 순한 양상을 보였을 때 예측은 소셜 미디어상에서 매우 비판받았다. 대중과의 소통에서 실패해서일까? 이후 로버트 코흐 연구소는 오미크론의 전염 양상에 대한 예측은 보고하지 않았다.

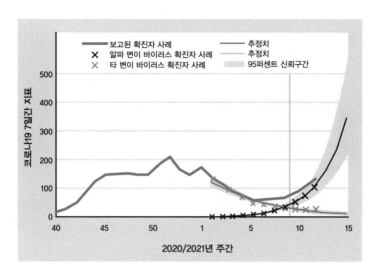

그림 9.1: 알파 변이 바이러스의 감염 양상에 대한 로버트 코흐 연구소의 예측.[2]

연방 통계청도 올바르게 표현한 적이 있다. '인구 예측'이 아닌 '인구 추계'로 정확하게 표현하여 현재 나이, 성별 구조와 출생, 사망, 이주에 대한 일정한 가정을 내리고, 이 가정을 바탕으로 네 가지 기본 연산을 통해 미래의 수치를 결정했다. 그뿐만 아니라 예측의 신뢰도는 가정의 신뢰도에 달려 있다는 것을 분명히 밝혔다. 가장 그럴듯한 가정을 바탕으로 예측해 보면, 만 20~66세 독일의 경제 활동 인구는 2035년까지 400~600만 명 감소하고 2050년에는 독일인 10분이 1이 80세 이상일 것이다.[3]

모든 것은 그대로
머무른다

예측의 구성 원칙 몇 가지를 알고 있으면 예측을 평가할 때 도움이 된다. 구성 원칙 중 기본은 '모든 것은 변화 없이 그대로 머무른다'는 원칙이다. 이 원칙을 적용하면 구글의 빅 데이터 알고리즘을 사용할 때보다 훨씬 정확하게 예측할 수 있다. 오늘 날씨가 어제와 똑같을 것으로 예측하는 것과 매일 저녁 9시 뉴스가 끝날 때쯤 기상학자가 전달한 일기 예보를 듣는 것 사이에 별 차이가 없는 것을 계산해 낸 짓궂은 사람들도 있다. 미래와 현재 사이의 변화를 고려하지 않는 첫 번째 기본 원칙은 다음 주나 내일과 같은 단기간 예측을 위해 쓸 수 있다.

동향을 추정할 때는 여기서 한 걸음 더 나아가 과거의 성장세를 미래에 적용한다. 많은 종말론자도 이 방식으로 먹고 산다. 유명한 로마 클럽 이야기를 해보자. 언론에서 종종 '두뇌 집단'으로 불렸던 산술 대가들이 속한 로마 클럽은 1972년 보고서에서 당시의 추세를 기반으로 석유 고갈, 아연, 알루미늄, 납과 같은 원재료 부족과 대기근을 예상했다.[4] 이 예측 중 맞은 것은 하나도 없다. 로마 클럽이 부족할 것이라 예상했던 원재료는 오히려 10년 후 가격이 인하되었다.[5] 로마 클럽은 변화하는 체제에 적응하고 기존 목표를 위한 새로운 방법을 모색하는 시장 경제의 장점을 완전히 과소평가했다.

동향만 예측하는 데서 한 걸음 더 나아가는 사람이 바로 소위 말하는 차트 분석가다. 차트를 분석하는 예언자 부류는 주로 자본 시장을 본거지로 삼고 주식 시장의 과거 선례에서 미래의 발전을 예측할 수 있는 척한다. 시세가 일정한 패턴으로 달라지는 것을 일찍 알아차리기만 하면 앞으로 특정 범위 안에서 어떻게 변화할지 예측할 수 있다. 차트의 경계선이 만드는 기하학 도형에 따라 '깃발형', '페넌트형', '웨지형', '헤드앤숄더형', 'V자형', 'M자형'으로 불리고, 차트마다 일정한 형태를 나타낸다. 예를 들어 헤드앤숄더 형태는 상승에서 하락으로 전환하는 형식이다. 일정한 형식이나 형태를 시의적절하게 알아보면 증권 거래소의 가격을 예측할 수 있다.

하지만 이러한 예측으로 부자가 된 사람은 아무도 없다. 그렇다면 모든 패턴을 꿰고 있는 증권업자는 무엇을 하는 것인가? 그들은 주가 차트에서 이익을 예측할 수 있을 때 바로 주식을 사고, 손실의 위협이 보이기 시작할 때 팔아버린다. 따라서 가격이 즉각 오르거나 내려간다. 미래를 예측할 수 있다고 착각하는 차트 추종자들의 노력이 결국 자신들의 노

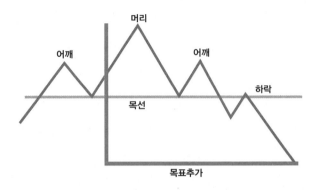

그림 9.2: 주식 시세 분석에 유명한 헤드앤숄더형.

력을 망치는 셈이다. 헤드앤숄더형에서 주가가 오를 때 곧
떨어질 것을 예상하여 주식을 매도하고 주가가 낮아지기를
기다려도 예측만큼 낮아질 가능성은 없는 편이다. 마찬가지
로 모든 차트 분석가가 내일 주가가 높아질 것을 예상하여
불확실한 종이 쪼가리에 오늘 투자하게 되면 주가는 오늘 벌
써 높아진다. 다시 말해, 주가가 하룻밤 사이에 갑자기 높아
지거나 낮아지는 일은 드물다.

　대개 늘 생산적인 자본주의의 효율적 시장, 즉 새 정보가
주식 가격에 즉시 반영되는 시장에서 위험 부담이 있는 유가
증권의 주가에는 과거가 고려되지 않는다. 미래를 위해 사들
이는 주식이 현재 세상사에 영향을 미치는 셈이다. 유가 증

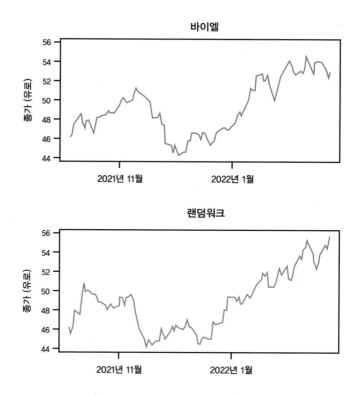

그림 9.3: 바이엘Bayel 주식의 2021~2022년 종가와 이에 상응하는 랜덤워크Random Walk. 주가의 변화 양상만 봐서는 어떤 도표가 실제 주가 도표인지 알 수 없다.

권을 '정확한' 가격에, 다른 말로는 '완전히 공정한' 가격에 매수하려는 투자자는 증권이 어제 또는 작년에 얼마였는지 묻는 대신 1년 후 얼마가 될 것인지 알고자 한다. 주식 시장 에서 중요한 것은 미래뿐이기 때문에 항해사가 안개 속을 운항하듯 절대 뒤돌아보지 않고 앞만 바라보지만, 지금까지 알려지지 않은 새로운 사실이 나타날 때는 진로를 변경한다. 수학에서는 이러한 시간수열을 임의 보행 또는 랜덤워크라고 한다. 컴퓨터로 생성한 랜덤워크와 주가의 전형적인 변동세는 서로 구분할 수 없을 정도로 비슷하다(그림 9.3 참조).

최고의 투자자
원숭이

일간지 《시카고 선타임스Chicago Sun-Times》는 매년 1월 초에 아담 몽크Adam Monk라는 원숭이에게 주식 종목이 적힌 파일 다섯 개를 모아서 보여주었다. 몽크는 펼쳐진 경제 일간지 《월 스트리트 저널Wall Street Journal》 앞에 연필을 쥐고 앉아서 주식에 원을 그리거나 체크 표시를 했다.

몽크의 선택은 다우 존스 산업평균지수Dow Jones Industrial Average를 넘어섰고, 내로라하는 펀드 매니저만큼 믿을 만했다.

몽크는 세계 각국에 동료가 있는데 그중 러시아에는 침팬지 루샤가 있었다. 루샤는 주식 종목이 표시된 정육면체 장난감 서른 개 중 여덟 개를 선택했다. 이 종목은 이듬해 수익률이 3배로 올랐고, 다른 투자 회사의 성과와 비교하면 러시아 상위 5퍼센트 안에 들었다. 또 다른 동료 침팬지 라벤은 인터넷 기업 목록에 다트를 던졌다. 이렇게 선택된 유가 증권은 그해에 79퍼센트, 이듬해 213퍼센트 성장했다. 2000년도 당시 수백 개의 미국 투자 운용사 중 22위를 차지했던 성과다. 대한민국에는 앵무새가 있었다. 이 앵무새는 6주간 전문 펀드 매니저 10명과 대결하는 주식 시장 게임에서 부리로 주식을 선택하여 3위를 차지했다.

자유 시장의 전문가보다 성과가 나쁜 원숭이나 앵무새는 대개 언론 보도에서 찾아보기 힘들다. 원숭이 아담 몽크도 다우 존스 산업평균지수보다 매년 좋은 성과를 낸 것은 아니다. 출세하여 2003년부터 2010년까지 이름을 떨치다가 마흔이라는 믿기 힘든 나이에 은퇴한 몽크도 2005년과 2007년에는 성과가 좋지 않았다.

그래도 언뜻 보기에 투자자를 당황하게 하는 이러한 실험은 원숭이가 고액 연봉의 전문가와 겨루어 평균적으로 뒤처지지 않는다는 결과를 보여준다. 자산 운용을 위해 침팬지에게 돈을 맡기든 하버드를 졸업한 증권 중개인에게 맡기든 원칙적으로 별 차이가 없는데 단 한 가지 차이는 원숭이 수임료가 훨씬 저렴하다는 것이다. 물론 예외는 늘 있다. 예를 들어 문어 파울은 2010년 월드컵에서 독일 대표팀의 경기 결과를 모두 정확하게 맞혔지만, 순전히 우연에 불과하다. 도박장을 밤낮으로 드나들다 보면 언젠가는 잭팟을 터뜨릴 수도 있는 이치와 비슷하다.

동물들이 선택한 주식이 높은 수익률을 낸 이야기는 흥미롭지만 이보다 더 확실한 투자 전략이 있다는 사실을 많은 경제학 실험이 증명했다. 바로, 이름이 알려진 주식만 매수하고 모르는 주식에서는 손을 떼는 것이다. 독일과 미국에서 이루어진 연구에 따르면 이름이 잘 알려진 주식 포트폴리오는 뮤추얼 펀드, 닥스나 다우 같은 시장 지수를 상회하는 수익률을 달성했다.[6] 이러한 간단한 전략에는 상담료도 들지 않는다.

예측에 의미가 있으려면

신문에서 볼 수 있는 예측이나 사기꾼이 돈을 벌어보려고 이용하는 예측을 모두 싸잡아 주먹구구식 계산 혹은 지성을 기만하는 행위라고 말할 수 없다. 독일 유수의 여러 경제 연구소가 연 2회 경기 전망을 목적으로 이른바 《공동 진단 Gemeinschaftsdiagnose》이라는 보고서를 함께 발표한다. 이 보고서는 연방 정부의 예산 수립과 같은 중요한 계획의 기반이다.

경제 성장과 고용 개발에 따라 달라지는 미래의 세금 징수에 대한 현실적인 추정 없이는 건실한 계획을 세울 수 없다. 기업이 투자 결정을 할 때도 경기 전망은 매우 중요하다. 그래서 신문이나 뉴스 방송에서 다음 해의 경제 성장을 진단할 때 거의 늘 공동 진단을 언급한다.

공동 진단의 예측들은 수많은 지표로 이루어졌다. 예측을 위해서는 대외 무역과 소매 거래의 전개 양상, 소비자와 기업의 기대, 세계 무역의 성장치를 추정하기 위한 주요 항구의 컨테이너 취급량, 심지어 날씨에 대한 지표까지 필요하다. 이 지표들은 향후 몇 개월 동안의 경제 발전에 대한 초기 평가를 위해 다양한 가정을 전제로 하는 수많은 통계 모델에 입력된다. 통계 모델에 입력된 자료에도 오류가 있다. 모든 정책의 변화를 통계 모델에 적절하게 대입할 수 없기 때문이다. 따라서 공동진단의 전문가들은 예측을 논하기에 앞서 몇 차례 함께 모여 예측의 가정이 명확한지 회의한다. 예를 들어 미국과 중국의 분쟁이 세계 무역에 미칠 영향이나 달러 환율의 변동 가능성, 정부의 경기 부양 정책의 성과와 중앙은행의 통화 정책 변경 등을 모두 고려한다.

예측은 예측이 만들어지는 당시에 존재하는 지식과 미래에 대한 가정을 바탕으로 한다. 미래가 과거와 다르게 흘러

갈 조짐이 보이는지, 눈에 띄는 성장을 가리키는 지표가 있는지, 이러한 양상을 과거에 본 적 있는지, 있다면 언제였는지 살피고, 마지막으로 이전 예측을 평가함과 동시에 미래에 대한 예측이 틀릴 수도 있는 이유를 토론하고 보고서에 기록한다. 그뿐만 아니라 보고서는 예측의 접근 방식과 위험에 대해 항상 자세히 설명하고, 대개 대중이 인식하지 못하는 예측 간격도 다룬다. 이렇게 만들어진 2021년 봄 예측 보고서의 내용이다. "경제 전문가들은 2021년과 2022년의 경제 성장률을 각각 3.0~4.4퍼센트, 1.6~6.2퍼센트로 예측했다."

예측이 동반하는 위험이 종종 간과되기 때문에 경제 연구 기관은 때때로 극단적인 비판을 받는다. 경제 연구 기관이 리먼 브라더스Lehman Brothers 투자 은행의 파산과 그 후 미국에서 일어난 경제 위기를 예측하지 못했다는 비판이 그 예시다. 이 사태는 2008년 8월 9일, 은행 간 금융 대출 금리가 폭등하면서 시작되었다. 사실 경제 연구 기관은 위험을 확실히 인식했었다. 라이프니츠 경제연구소Leibniz-Institut für Wirtschaftsforschung, RWI는 2007년 하반기 경제 보고서의 세계 경제 '위험' 부분을 다음과 같이 시작한다. "모기지 위기에 잘 대처할 것이므로 실물 경제에 그다지 큰 영향을 끼치지 않을 것이라는 예측의 전제는 굉장히 불확실하다. 전제와 달리 은

행이 위기를 맞을 것이라는 가능성을 가리키는 징후가 분명하기 때문이다." 또한, 뒤따를 금융 시장 위기도 비교적 자세하게 설명했다.7

축구 선수 카를하인츠 루메니게Karl-Heinz Rummenigge의 예측은 독일인들 사이에서 특히 유명하다.8 1991년 4월 독일 제2 공영방송의 스포츠 중계를 맡은 그는 카이저슬라우테른Kaiserslautern팀이 우승할 수도 있겠냐는 질문을 받고 "그럴 일은 절대 없습니다. 카이저슬라우테른이 우승할 확률은 미샤엘 슈티히Michael Stich가 윔블던 대회에서 우승할 가능성만큼 희박합니다"라고 확신에 차 대답했다. 하지만 모두가 알다시피 슈티히는 1991년 윔블던 대회에서, 카이저슬라우테른은 분데스리가에서 우승을 차지했다.

3부

듣고 싶은
말을 들려주는
숫자들

10장
기준치가 만들어내는
환영

어떤 기준치는 매우 객관적이기도 하다. 물이 얼기 시작하는 어는점이나, 얼음이 녹기 시작하는 녹는점이 그 예다. 하지만 언제 어디서나 똑같이 적용할 수 없다. 물에 소금을 넣으면 어는점이 내려간다. 그래서 같은 영하의 온도라도 독일의 동해는 얼지만, 북해는 얼지 않는다. 그래도 어는점과 녹는점은 정의할 수 있는 특정 조건을 갖기 때문에 객관적이고 절대적이다.

기준치의 적용 대상을 무생물에서 생물로 옮길 때 객관성은 사라진다. 인간이 두려워하는 기준치도 객관적이지 않기는 마찬가지다. 어느 순간부터 인간을 놓고 죽었다고 말할 수 있을까? 이에 대해 큰 논쟁이 없는 경우가 대부분이지만, 그래도 불분명한 회색 지대가 남아있다.[1] 이 주제에 관해 이식 전문의와 법의학자가 할 말이 많을 것이다. 어느 순간을 기준으로 사망 선고를 내리고 합법적으로 장기를 적출할 수 있을까?

1968년 하버드에서 처음으로 '돌이킬 수 없는 혼수상태'라는 의미의 뇌사 상태를 사망의 기준으로 지정했다. 하지만 이 기준으로 정의한 사망자도 인공적으로 영양을 공급받으면 생물학적 존재로 수년간 살 수 있다. 그래서 법적 울타리 안에서 장기 기증을 가능하게 하려고 뇌사 상태를 사망 상태로 정의했다. 인간에게 영혼이 있다고 믿는 사람은 삶과 죽음의 경계를 또 다르게 정의할 것이다. 사망의 의미는 한 문장으로 설명될 수 없다.

정치적 잇속을 따지는 집단이 기준치를 도구로 선과 악, 안전과 위험, 유해와 무해, 공포와 평안을 나누어 선전하면 일반인은 기준치에 대한 논쟁을 제대로 이해할 수 없을뿐더러 기준치는 모든 종류의 잘못된 통계의 근원이 된다. 별대수롭지 않은 2017년 12월 31일 밤의 미세 먼지와 폭죽놀이 예를 살펴보자. 2018년 1월 《이달의 잘못된 통계》에서도 이미 다룬 적 있는 내용이다. 유럽이 정한 미세 먼지 기준치는 1일 최대 1세제곱미터당 50마이크로그램이다. 새해 첫 날 일간지 《쥐트도이체 차이퉁》과 《포쿠스 온라인》은 개인 의 폭죽놀이에 대해 "독일인은 오로지 재미를 위해 새해전 야부터 대기를 더럽힌다"라고 비난했고,[2] 독일 환경 단체는 새해를 맞는 독일인의 오래된 전통인 새해전야의 폭죽놀이 가 미세 먼지 오염을 생각했을 때 "시대착오적이며 대기 오 염을 일으킨다"라고 금지를 주장했다. 많은 언론은 폭죽놀이 직후인 새벽 1시 미세 먼지 농도가 매우 높다고 보도했다. 보도에 따르면 같은 시각 베를린이나 라이프치히에서는 미세 먼지가 최고치에 달했는데 이는 유럽 기준치의 4배를 넘으며, 호흡기 및 심혈관 질환과 같은 부정적 결과를 가져온다.

언론의 보도는 여러모로 과장되었다. 먼저, 장소와 시간에 따라 부분적으로 높은 미세 먼지 농도가 건강한 사람에게 위험한 영향을 끼친다는 증거가 없다. 유럽의 미세 먼지 기준 치는 하루 동안의 평균값을 가리킨다.

미세 먼지 농도가 개인의 폭죽놀이로 증가할 수는 있다. 하지만 이에 따른 영향을 24시간으로 나누어 생각해 보면 폭죽놀이에 공포심을 가질 정도는 아니다. 이렇게 봤을 때, 새벽 1시 측정한 라이프치히의 1세제곱미터당 미세먼지 농도

1,860마이크로그램은 하루 동안 시간당 평균 1세제곱미터당 133마이크로그램이라고 생각할 수 있다. 베를린의 경우 새벽 1시 1세제곱미터당 미세먼지 농도는 647마이크로그램이며, 24시간으로 나누어 보면 한 시간에 1세제곱미터당 47마이크로그램이다.

언론의 보도가 매우 과장되었음을 또 알 수 있는 두 번째 근거는 미세 먼지가 매우 빨리 증발한다는 사실에 있다. 새해전야에 미세 먼지 농도가 극단적으로 높아지는 베를린이나 라이프치히 같은 도시도 1월 2일이면 벌써 농도가 기준치 이하로 돌아온다.

농도가 유지되는 데 가장 큰 영향을 끼치는 요인은 날씨다. 예를 들어 바람이 적게 부는 날에는 미세 먼지 농도가 오래 유지된다. 아무리 폭죽놀이에 책임을 물으려 해도 도심의 교통과 같은 지속적인 상태가 새해전야 폭죽과 같은 일시적인 활동보다 미세 먼지 농도 증가에 훨씬 더 파괴적인 영향을 미친다.

언론의 보도가 과장되었다고 말할 수 있는 세 번째 이유는 1세제곱미터당 50마이크로그램이라는 유럽의 미세먼지 기준치가 매우 조심스럽게 측정된 값이며, 1년에 35회 이상 초과해서는 안 된다는 기본 원칙이 기준치를 정할 때 포함되었기 때문이다. 전기와 가스가 없어서 땔감으로 식사를 준비하는 개발 도상국 30억 인구에게 1세제곱미터당 하루 평균 미세 먼지 농도 900마이크로그램은 거의 일상이다. 이 사실은 깨끗한 대기를 위해 노력하는 세계 보건 기구가 기준치를 오용하고 있다는 점을 보여준다. 새해 폭죽놀이로 기준치를 하루 초과할 수는 있지만, 날씨의 변화만으로도 나머지 34일 중 대부분은 기준치를 넘기지 않고 지나간다. 실제로 독일의 몇 장소에서 1년에 35일 이상 기준치를 넘기는 장소는 주로 도로 교통에 문제가 있는 곳이다.

기준치는 항상
주관적이다

기준치의 문제는 사실 다른 곳에 있다. 미세 먼지 농도 기준치가 신이 정한 객관적 기준치라서 농도를 균일하고 정확하게 측정할 수 있다고 하더라도 선과 악을 명확하게 나눌 수는 없다. 오염 물질 기준치는 절대 객관적일 수 없기 때문이다. 언제나 주관적인 결정의 결과일 뿐이다. 어느 시점부터 오염 물질의 농도가 너무 높다고 볼 수 있을까? 그 기준은 무엇인가?

그래도 "너무 높다"의 정의를 찾는 일이 인간에게 직접적 영향을 끼치는 모든 유독 물질을 찾는 일보다는 비교적 쉽다. "너무 높다"는 독성이 작용한다는 뜻이고 반대로 "너무 낮다"는 독성이 작용하지 않는다는 뜻이다. 그렇다면 기준치는 임계값이기도 하다. 오늘날 기준치를 용량-반응 관계로 수치화할 수 있는 것은 수리 통계학의 발전 덕분이다. 그림 10.1의 도표는 동물 실험으로 얻어낸 이상적 용량-반응 관계를 나타낸다. x축은 용량을 가리키고 y축은 용량에 따라 달라지는 반응(죽은 동물의 비율)을 보여준다. 반수 치사량(LD50)은 실험동물의 50퍼센트가 사망하는 임계값을 의미한다. 오염 물질 노출량이 줄어들면서 반응도 계속해서 줄어들다가 특정 임계값보다 낮아지면 오염 물질은 아무런 작용을 하지 않는다.

오늘날 독성학에서는 대다수의 독성 물질이 임계값을 갖고, 이 수치 미만의 노출은 건강에 영향을 끼치지 않는다고 추측한다. 임계값을 갖지 않는 독성 물질도 드물게 있다.

용량-반응 곡선을 통해 대다수 독성 물질의 임계값은 단조롭게 증가하는 형태를 띤다는 것이 입증되었다. 즉, 독성 물질이 많아질수록 더욱 해로워진다는 것이다. 최대 용량에 도달한 이후 독성이 감소하는 물질도 가끔 있다.

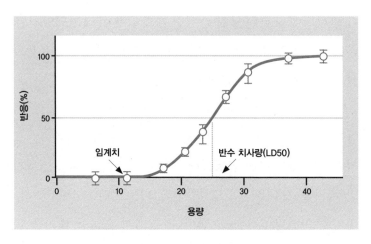

그림 10.1: 이상적 용량-반응 곡선. 도표의 작은 원은 측점 지점을 나타내고 세로 막대는 신뢰 구간을 뜻한다.

용량-반응 관계로 계산한 1일 섭취 허용량Acceptable Daily Intake, ADI, 권고 노출 기준Acceptable Exposure Level, AEL, 최대 무독성 용량No Observed Adverse Effect Level, NOAEL은 일반적으로 최대 100배 과장되었다. 먼저, 동물 실험에서 동물에게 피해가 일어나지 않는 값을 구하고, 이 값의 100분의 1을 인간에 대한 기준치로 정한다. 따라서 기준치를 초과한다 하더라도 대개는 건강에 위협이 되지 않는다.

독성 물질은 다양한 기준치를 갖는다. 2011년 초 다이옥신Dioxin에 오염된 달걀로 독일 전역이 떠들썩했다. 다이옥신이 기준치의 3조분의 1그램, 즉 3피코그램 초과한다는 이유로

아침 식탁에 오르던 달걀 수백만 개의 유통이 금지되었지만, 다이옥신 기준치의 10배를 넘는 독일 민물 장어와 독일 동해산 생선은 합법적으로 시장에 유통되었다.

아크릴아미드Acrylamide 기준치에도 동일한 모순이 있다. 이탈리아 세베소Seveso 사고 이후 아크릴아미드와 다이옥신의 기준치는 매우 낮게 설정되어 현재 기준치는 폐기물 소각장 및 폐기물 재활용 처리장 면적당 1나노그램(10억분의 1그램), 대기는 면적당 0.1나노그램이다. 그래서 오늘날 폐기물 소각장은 디젤 엔진이나 석탄 난방보다 오염 물질을 덜 만들어 낸다. 그뿐만 아니라 아크릴아미드로 인한 암을 방지하기 위해 식수와 빵에 1,000배나 차이가 나는 기준치를 적용해야 하는 것은 이해할 수 없다.

미세 먼지나 이산화질소와 같은 물질, 또는 소음과 같은 불쾌한 상황에 자주 노출되거나 지속적으로 영향을 받는 경우 각 요인은 좀 더 중요해진다. 야외 공기 중 이산화질소 농도의 유럽 연평균 기준치는 1세제곱미터 당 40마이크로그램이지만, 작업장의 기준치는 1세제곱미터당 950마이크로그램으로 훨씬 더 높다. 폐쇄된 공간의 이산화질소 농도는 유럽 기준치를 일반적으로 10~20배 초과한다. 일반 가정의 가

스레인지 또는 아드벤츠크란츠^Adventskranz*가 만드는 이산화
질소 농도는 훨씬 더 높다.

사람마다 견딜 수 있는 미세 먼지 오염도도 확연히 다르
다. 이미 언급한 바와 같이 유럽 전역의 1일 기준치는 1세제
곱미터당 50마이크로그램이며 연간 35회 이상 초과해서는
안 된다. 허용되는 연간 평균치는 1세제곱미터당 40마이크
로그램이다. 하지만 많은 산업 작업장의 허용치는 법적으로
몇 배나 더 높다.

같은 오염 물질에 대해 다양한 기준치가 있는 이유는 합리
적으로 설명될 수 없다. 기준치는 이성이 아닌 타협의 결과
물이다. 예를 들자면 한 도시에서 휴대 전화 반대자들이 송
전탑에 관한 규정을 놓고 격렬하게 반대 시위를 하면 송전탑
규정이 강화될 것이다.

이 협상에서 부딪히는 두 집단을 분명하게 나눌 수 있다.
위험 요소를 만드는 집단은 기준치가 높아야 비용이 덜 들기
때문에 기준치를 높이고자 노력할 것이고, 시위자들은 최대
한 기준치를 낮추고자 할 것이다. 기준치를 올바르게 이해하
는 첫걸음은 기준치가 어는점이나 광속도와 같은 자연 불변

---

* 촛불 네 개로 둥글게 만든 리스. 성탄절을 기다리며 12월 첫 번째 일요일부터
  성탄절 전 일요일까지 매주 한 개씩 촛불에 불을 붙인다.

의 법칙이 아닌 인간의 결정과 협상의 산물임을 아는 것이다.

돈이
기준치가 된다

환경 운동가 외에도 기준치를 최소한으로 낮추기 위해 부단히 애쓰는 집단이 있다. 바로 특정 의사와 제약 산업이다. 세계 보건 기구는 혈압이 140/90보다 높으면 정상 범위에서 벗어나기 때문에 치료가 필요하다고 분류했다. 제약 업계 대표들이 이 결정에 관여하지 않았다면 믿을 만했을지도 모른다. 하지만 스위스 제약 회사 노바티스Novartis는 항고혈압제 디오반Diovan만으로 연간 매출 10억 이상을 달성한다. 고혈압 기준치가 지금보다 높은 145/95였다면 연 매출은 절반에 불과했을 것이다.

최근 미국은 고혈압 기준치를 130/80으로 낮추었다. 《뉴욕 타임스》는 "성인 고혈압 환자 수가 7,200만 명에서 1억 300만 명으로 증가할 것이다"라고 보도했다.[3] 다른 제약 회사와 마찬가지로 노바티스가 기뻐할 소식이다.

독일의 고혈압 기준치에 대해서는 독일 고혈압 연맹Deutsche Hochdruckliga과 독일 약사회 연방 연합Bundesvereinigung der deutschen

Apothekerverbände이 결정권을 갖는다. 공동 협상에는 세계 보건 기구가 얼마간 참여했지만, 두 이해 집단이 어느 날 2+2의 답으로 4보다 5가 좋겠다고 결정하고 펜 놀림 한 번으로 고객을 늘리려는 순간 아무도 이 결정을 막을 수 없다.

당뇨병 진단을 내릴 때도 고혈압 진단과 비슷하게 금전적 이익이 중요한 역할을 한다. 당뇨병 기준치에 따라 독일 내 당뇨병 환자는 500만에서 1,500만 명으로 달라진다고 한다. 현재는 혈액 내 포도당 함량이 데시리터당 200밀리그램을 초과하면 당뇨병이 확실한 것으로 진단한다.

그런데 왜 180도 아니고 220도 아니고 하필이면 200밀리그램일까? 고혈압 기준치에서 살펴본 것과 마찬가지로 당뇨병 기준치를 높이면 치료가 필요한 환자 수가 줄어들고, 기준치를 낮추면 환자 수가 늘어난다. 미국에서는 혈액 내 포도당 함량이 데시리터당 125밀리그램만 초과해도 당뇨병 판정을 받는다.[4]

또 다른 예로, 혈액 내 높은 콜레스테롤 수치를 경고하는 의사가 많다. 높은 콜레스테롤 수치는 최근 들어 동맥 경화 및 심혈관 질환의 위험 요소 1순위로 여겨진다. 역시나 제약 산업의 간섭을 받는 독일 지질 연맹Deutsche Lipid-Liga은 진단 기준치로 데시리터당 250을 오랫동안 고수해왔다. 이 기준치에 대해서도 당연히 궁금증을 가질 수 있다. 230도 아니고 270도 아니고 왜 하필이면 250일까?

이 질문에 대한 대답도 위에서 살펴본 예시와 비슷하다. 기준치가 270이면 의사와 제약 회사의 수입이 줄어들기 때문이다. 최근 고지혈증 기준치는 220으로 낮아졌다. 그리고 몇 년 안에 210미만으로 낮아질 것도 예측해볼 수 있다.

미국에서는 낯설지 않은 현상이다. 데시리터 당 200밀리그램이면 이미 고지혈증의 경계에 들어와 있으며, 230밀리그램부터는 확실히 고지혈증으로 진단받고 240밀리그램은 중증 고지혈증으로 분류된다.

없는 병도 만들어 내는 현상을 영어권 문헌에서는 질병 부풀리기disease mongering라는 용어로 설명한다. 호주 출신 작가 레이 모이니핸Ray Moynihan과 의사 데이비드 헨리David Henry가 이 주제를 함께 심층 연구했다.[5] 특히, 남편을 잃은 아내의 슬픔이 어떻게 우울증 증상으로 둔갑하고, 수줍음이 많을 뿐인 사람이 대인 기피증 진단을 받거나, 이제 막 발모제를 발명한 미국 거대 제약 회사 머그Merck가 남성 탈모를 질병으로 인정받게 하려고 어떤 노력을 기울였는지 소개한다. 탈모가 병이라면 독일에서만 2,000만 명이 넘는 고객이 생긴다. 호주의 한 보건 프로그램은 겉으로는 좋은 의도를 가진 것처럼 보이지만 실상은 제약 회사에서 후원을 받아 호주인에게 과민성 대장 증후군으로 알려진 병에 대해 교육한다. 과민성 대장 증후군의 증상으로는 복부 경련, 포만감 또는 배변 문제가 있으며, 대개 얼마 후 저절로 사라진다. 물론 환자에게 위약을 줄 수도 있지만, 제약 회사는 진짜 약을 팔아먹으면 그만이다.

의사와 제약 회사 외에도 질병에 대한 공포가 사그라지지 않기를 바라며 공포심을 이용하여 금전적 이익을 취하려는 집단은 항상 존재한다. 석면 제거 업체를 대표적 예로 들 수 있다. 특히 1990년대에 석면 제거 조치로 떼돈을 번 회사들이 많다. 공기 1세제곱미터 당 석면이 1,000개일 때 석면 제거가 요구된다.

이 기준치 외에도 독일 내 다양한 연구 재단이 위험 작업 물질 검사를 위해 세운 상임 위원회에서 발표한 작업장 최대 허용 농도와 작업물질 생물학적 허용치가 있다. 공기 1세제곱미터 당 석면 25만 개도 인체에 해가 없다는 이 기준치는 앞서 소개한 기준치와 차이가 상당히 크게 난다. 10년 동안 기준치 이상의 석면에 노출된 사람이 처한 위험 지수를 1로 매긴다면, 번개로 인한 사망 위험 지수는 3, 치명적인 자전거 사고 위험 지수는 75, 생명에 위협적인 보행자 사고는 290,

비행기 추락 사고는 730, 폐암 사망 위험 지수는 8,800이다. 담배를 피우는 부모의 아이는 간접흡연으로 인해 암에 걸릴 위험이 학교의 석면 때문에 걸릴 확률보다 100배 높다. 언론이 만든 석면에 대한 공포는 전쟁 후 독일과 다른 부유한 산업 국가의 가장 무의미한 금전 낭비 운동을 이끌었다. 석면 제거가 도움을 준 것은 석면 제거 회사의 재정 상태밖에 없었다.

과학 학술지 《사이언스Science》는 매년 미국에서 학생 1,000만 명 중 최대 1명이 학교에서 지속적으로 석면에 노출되어 사망하지만, 보행자 사고를 당해 사망하는 학생은 매년 1,000만 명 중 300명에 이른다고 보고했다. 최악의 상황을 가정해보자면 학교 건물의 석면을 제거하기 위해 임시 방학을 했다가 학생들이 길거리에서 사고를 당할 위험에 처하는 것이다.[6]

11장
헛된 희망을 품게 하는 조기 검진

미국 메사추세츠 공과대학교의 저명한 암 생물학자 로버트 와인버그Robert Weinberg 교수는 네덜란드 왕립과학원Royal Netherlands Academy of Sciences이 주관한 암 발병률 감소에 관한 학회에서 기조연설을 했다. 연설 내용은 놀라웠다.[1] 평생 암의 생물학적 원인을 연구한 와인버그 교수는 암을 이길 진짜 기회는 건강 관리 능력을 유년기에 강화하는 데 있다고 설명했다. 암 발병의 약 절반은 생활 속 행동과 관련이 있기 때문이다. 예를 들어 흡연, 해로운 식습관, 비만을 부르는 운동 부족은 암 발병의 주요 원인이며, 이러한 습관은 청소년 초기에 학습되므로 어린이와 청소년의 건강 관리 능력을 강화하는

데 투자해야 한다고 덧붙였다.

와인버그 교수는 우리 책의 저자 중 한 명인 게르트 기거렌처와 함께 건강 관리 능력 강화를 위한 교육 과정을 구상하고 실행에 옮겼다. 학교에서는 학생이 요리와 운동을 즐기는 가치관과 능력을 갖출 수 있도록 건강한 식습관과 신체에 대한 지식을 전달하고, 미디어의 광고가 행동에 미치는 영향을 가르쳐야 한다. 또한, 숫자를 이해하고 인터넷에서 광고가 아닌 올바른 건강 정보를 찾을 수 있는 능력을 길러 주어야 한다.

이 교육 과정은 압력이나 지시로 젊은 세대를 통제하기보다 판단력을 가지고 스스로 건강을 돌볼 수 있는 학생을 양성한다는 목표를 갖는다. 《이달의 잘못된 통계》의 연구에 따르면 암 치료에 제한적으로 사용되는 약물과 암 조기 검진보다 학교 교육 과정을 통해 암 사망을 더 많이 예방할 수 있다. 청소년 열 명 중 두 명의 행동만을 좋은 방향으로 변화시켜도 충분하다.

네덜란드 암학회 의장은 아동 비만 비율이 높은 지역의 학교 교육 과정에 자금을 지원하는 것에 가장 먼저 관심을 보였지만, 사업상 암 치료를 위한 빅 데이터 연구에 투자하도록 설득하는 목소리가 컸다. 청소년의 건강 관리 능력을 강화하고자 준비했던 프로젝트는 이렇게 끝났고, 자금은 모두 빅 데이터 사업을 위해 사용되었다.

이 이야기는 암 퇴치 노력의 핵심 문제를 보여준다. 자금은 대부분 기술, 약물, 빅 데이터 알고리즘 지원을 위해 흘러간다. 하지만 가장 많은 생명을 암에서 보호할 수 있는 분야, 즉 정보에 근거하여 스스로 결정을 내리고, 건강한 삶을 꾸려나가는 방법을 아는 사람을 양성하기 위한 투자는 거의 없다. 건강 관리 능력이야말로 건강한 삶을 위한 열쇠일 것이다.

조기 검진이
확실하게 알려주는 것

놀랍게도 건강 관리 능력 강화는 독일에서도 외면받는 투자 분야다. 빌레펠트 대학교의 도리스 셰퍼Doris Schaeffer 같은 교수나 포츠담 대학교의 하딩 센터 같은 기관도 학교의 재정 지원을 거의 받지 못하여 제삼자 자금지원이나 개인의 기부에 기대어 연구를 진행하고, 그사이 암과 싸우기 위해 충분한 자금은 다른 분야로 흘러간다. 그중 하나가 조기 검진이다.

조기 검진이란 검사를 받는 질병과 관련해서 증상이 없는 사람이 받는 검진을 뜻한다. 생명을 살릴 수 있는 좋은 방법일 수도 있지만 실제로 조기 검진을 통하여 목숨을 구하는 경우는 드물다. 매년 독일에서는 암의 조기 발견을 위해 수십억 유로를 쓰지만 조기 검진의 득과 실을 국민에게 명확하고 정직하게 설명하지는 않는다.

특히 어처구니없는 조기 검진은 질 초음파를 통한 난소암 검진이다. 이 검진은 자기 주머니에서 25~50유로를 내야 하는 의료 보험 비급여 항목이며 산부인과 의사에게서 별다른 설명 없이 매년 수만 번 권장된다. 난소암 조기 검진의 이점은 입증된 것이 없는 반면 여성 건강에 심각한 피해를 주기 때문에 의학회에서 만류하는 검사임을 아는 여성은 거의 없다.

그림 11.1의 상자는 난소암 조기 검진의 득과 실을 투명하게 설명한다. 왼쪽은 조기 검진을 받지 않은 여성을 가리킨다. 이 집단에서는 약 11년 후에 1,000명마다 3명이 난소암에 걸렸고 그중 총 69명이 난소암으로 사망했다. 오른쪽은 조기 검진을 받은 여성을 가리킨다. 그림 11.1에서 볼 수 있듯 조기 검진으로 달라진 것은 없다. 이 집단의 여성도 조기 검진을 받지 않은 집단의 비율만큼 난소암에 걸렸고, 더 오래 생존한 것도 아니었다.

	조기 검진을 받지 않은 여성 1,000명	조기 검진을 받은 여성 1,000명
조기 검진의 득		
난소암 사망자 수	집단당 약 3명, 즉 차이 없음	
전체 사망자 수	집단당 약 69명, 즉 차이 없음	
조기 검진의 실		
난소암이 아니지만 세포 조직이 비정상적으로 변화한다는 잘못된 정보로 인해 얼마나 많은 여성이 건강한 난소를 제거하는 불필요한 수술을 받았는가?	0명	32명
불필요한 수술을 후 합병증이 발생한 경우*	0건	1건

*감염, 혈액 응고 장애(혈전증), 상처 봉합 문제, 마취 문제

요약: 난소암 조기 검진은 난소암 사망률을 낮출 수 없다. 검진을 받은 여성 1,000명 중 정확한 난소암 진단을 받은 여성이 6명인 것에 비해 불필요한 수술을 통해 건강한 난소를 하나 혹은 모두 제거한 여성은 32명이나 된다.

그림 11.1: 난소암 조기 검진의 득과 실.

출처: hardingcenter.de

두 집단 사이의 차이점은 조기 검진을 받은 여성에게 있었던 부작용이 유일하다. 질 초음파는 신뢰성이 떨어지며, 검사상 난소암으로 의심되는 소견에는 대부분 오류가 있었다(100건 중 96건). 여성들은 이 사실을 모르기 때문에 질 초음파를 통해 난소에 의심스러운 것이 발견되면 불안에 휩싸여 노파심에 난소를 제거하는 결정을 내린다. 조기 검진을 받는 여성 1,000명당 32명꼴로 불필요한 수술적 치료를 받는다(그림 11.1 참조).

수술을 받는 여성은 수술 후 합병증도 고려해야 한다. 또, 난소를 제거하면 호르몬 생산이 갑작스럽게 멈추기 때문에 죽을 때까지 호르몬 치료를 받아야 한다. 독일에서는 매년 건강한 여성 1만 명이 무능하거나 무책임한 의사의 추천으로 조기 검진을 받고 그 피해로 난소 제거 수술을 받는다.

암 조기 검진에 대한 최신 정보는 일반적으로 다음과 같이 요약할 수 있다.

·조기 검진에서 잘못 발견한 병을 치료하기 위한 수술은 오히려 많은 사람의 건강을 해치는 결과를 불러온다.

·난소암 검사와는 달리 암 관련 사망률을 줄이는 여섯 가지 방법으로 유방조영술, 대장암 진단을 위한 대변 검사, 전립선암 진단을 위한 PSA 수치 검사가 있다. 하지만 이 조기 검진을 통하여 전체 사망률이 줄어드는지는 증명되지 않았다.[2] 유방조영술을 통한 유방암 조기 검진을 예로 살펴보자. 유방암 조기 검진은 50세 이상 여성의 유방암 사망률을 1,000명 중 5명에서 1,000명 중 4명으로 낮춘다. 즉, 조기 검진을 받은 여성 1,000명 중 암으로 사망하는 여성이 1명 줄어든다는 뜻이다. 하지만 조기 검진 여부와 상관없이 이 기간에 유방암을 포함하여 다른 암으로 사망하는 여

성의 수는 그대로다. 조기 검진을 받는 집단에서는 유방암이 아닌 다른 암으로 사망하는 여성이 많다. 즉, 조기 검진이 생명을 연장하지는 않는다. 유방암 또는 난소암 조기 검진을 받는 여성과 전립선암 조기 검진을 받는 남성 중 이 모든 사실을 아는 사람은 여전히 별로 없다.

·스위스와 비교했을 때 독일 병원에서는 암 조기 검진의 득과 실에 대한 투명하고 완전한 설명을 듣기 어렵다. 하딩 센터 홈페이지에서 조기 검진에 관한 알기 쉬운 설명을 더 찾아볼 수 있다(hardingcenter.de).

세상을 놀라게 한
혈액 검사

암 조기 검진이 상업적으로 성공한 이유는 인간의 공포심을 이용하고 왜곡된 숫자를 수단으로 조기 검진에 의무감을 느끼게 했기 때문이다. 금전적 이익을 취할 수 있다는 전망 때문에 대학 병원조차 때때로 환자의 건강에 득보다 실이 더 많은 조기 검진을 고의로 권하기도 한다.

다음으로 소개할 내용은 심지어 범죄에 가깝다. 하이델베르크 대학교 병원은 유방암 진단을 위해 새로 개발한 혈액 검사를 발표하며 "유방암 진단의 이정표"라고 평가했다. 일간지《빌트Bild》는 신문 1면에 독일의 혈액 검사가 세계를 놀라게 했다고 환호했다. 뉴스 방송 타게스테멘Tagesthemen도 이 검사를 긍정적으로 보도했고,《포커스》는 "획기적 사건"이라며 하이델베르크 대학교 병원의 업적을 축하했다. 언론은 혈액 검사가 유방조영술보다 유방암을 몇 년 일찍 발견할 수 있는 조기 경고 시스템이라고 설명했다. 타게스테멘과《포커스》모두 검사의 적중률을 75퍼센트라고 보도하며 세계를 놀라게 한 혈액 검사임을 입증했고, 이 검사가 유방암 환자 100명 중 75명을 찾아내고 놓친 환자는 25명밖에 없는 것처럼, 또, 이미 많은 병원에 보급이 가능한 것처럼 보도했다.

통상적으로 학계에서는 새 연구를 의학 학술지에 먼저 게재하고, 전문가의 꼼꼼한 검토를 거쳐 언론에 공개한다. 하이델베르크의 혈액 검사 연구진은 이 과정을 거치지 않고 언론의 관심을 끌기 위해 가장 먼저《빌트》와 접촉했다. 학술지에 실은 논문은 없었다. 대신, 기자 간담회를 위해 혈액 검사의 고안자이자 당시 하이델베르크 대학교 병원 산부인과 과장 크리스토프 존Christof Sohn 교수와 홍보를 맡은 하이스크린HeiScreen 유한회사 대표 이사가 연단에 앉았다.

적중률 75퍼센트는 세계를 놀라게 할 만한 수치일까? 기자 간담회 며칠 후 《이달의 잘못된 통계》이 질문에 대한 답은 아무도 할 수 없다는 것을 설명했다. 《빌트》와 나머지 언론들이 오경보율이라는 중요한 정보를 빠뜨리고 보도했기 때문이다.

위 질문에 답을 하기 위해서는 적중률뿐만 아니라 오경보율을 알아야 한다. 여기서 오경보율은 '건강한 여성 중 암으로 잘못 진단받는 여성은 몇 명이나 되는가?'라는 질문의 답을 나타내는 값이다. 적중률과 오경보율을 함께 제시하는 것은 언제나 중요하다.

왜 두 값을 모두 알아야 할까? 간단한 예를 들어보자. 건강 상태와 상관없이 무조건 모든 여성에게 종양이 있다고 진단하는 검사가 있다. 그러면 이 검사는 종양이 있는 모든 여성을 찾아낼 것이고 따라서 적중률은 100퍼센트다. 100퍼센트라는 수치에 놀랄 필요 없다. 건강한 모든 여성도 유방암으로 잘못된 진단을 받아 오경보율도 100퍼센트에 달하기 때문이다.

좀 더 복잡하게 생각해 보자. 동전을 두 번 던져 연속으로 숫자가 나오지 않았을 때마다 암을 진단한다면 동전 던지기를 통한 암 진단 적중률은 혈액 검사와 마찬가지로 75퍼센트다. 하지만 건강한 여성이 암으로 잘못 진단받을 확률도

75퍼센트다. 즉, 높은 적중률은 오경보율이 낮을 때만 의미가 있다. 여성의 나이에 따라 조금씩 차이가 있지만, 예를 들어 유방조영술의 적중률은 80퍼센트에 달하고, 오경보율은 5~10퍼센트밖에 되지 않는다.

몇 달 후, 우리 팀은 혈액 검사의 오경보율 정보를 입수할 수 있었다. 한 의사가 존 교수의 「부인종양학의 액체생검」이라는 제목의 강의 파일을 우리에게 보내왔다. 이 파일에는 정확한 오경보율이 기록되어 있었다. 검사에 응한 모든 여성을 고려해 계산했을 때 오경보율은 46퍼센트에 달했다. 오경보율이 이렇게나 높았기 때문에 연구팀에서 내놓은 보도 자료와 《빌트》가 이에 대해 침묵한 것은 당연하다.

오경보율 46퍼센트는 무엇을 의미할까? 검사가 독일 전역에 도입된다면 아무리 적중률이 높다고 해도 독일 내 건강한 여성의 절반이 암으로 오진을 받는다는 뜻이다! 하이델베르크 연구진은 이렇게 부정확한 검사를 시장에 내놓고, 환자와 보험회사에 비용을 떠넘기는 무책임한 일을 저질렀다.

특히 혈액 검사의 경우 여성에게 검사의 신뢰도를 정확하게 알려야 한다. 그렇지 않으면 혈액 검사로 조기 진단을 받고 나서 더 정확한 다음 검사를 위해 종양이 적당한 크기로 자라기까지 혈액 검사의 부정확한 결과를 안고 약 5년을 노심초사해야 하기 때문이다.

앞서 언급한 것처럼 기자 간담회 단상에는 혈액 검사를 시장에 유통할 하이스크린 유한회사의 대표 이사도 있었다. 이후 만하임시 검찰이 이 사건을 조사 중이고, 그사이 하이델베르크 대학교는 사죄하며 조사 위원회를 구성했다. 이 사건에 대해 뉴스 방송 타게스샤우는 혈액 검사가 아직 시장에 출시될 준비가 되지 않았다고만 보도했고 오경보율이 높다는 핵심 문제는 알리지 않았다.[3]

하이델베르크 연구진은 연구를 먼저 평가받고 출시하기 전에 《빌트》와 접촉했다. "75퍼센트의 기적"이라는 보도로 수천 명의 여성을 혼란에 빠뜨리고, 홍보가 성공한다면 수백만 명의 여성이 암으로 오진 받아 불필요한 고통을 겪어야 할 것을 각오한 하이델베르크 연구진은 반성해야 한다. 그런데 그들은 도대체 왜 이러한 일을 저질렀을까?

어리석고 오만했기 때문이다. 하이델베르크 지역지《라인네카르차이퉁Rhein-Neckar-Zeitung》의 취재를 통해 내부자가 주식거래와 재정 비리에 연루되었음이 적발되었고, 검찰이 조사에 착수해 보니《빌트》의 도움을 받아 긍정적으로 조작된 언론 보도를 통해 중국 제약 회사 NKY 메디컬의 주식이 12위안에서 22위안으로 오른 것이 알려졌다. 이 회사는 하이스크

린의 지분을 가지고 있었고, 중국 시장에서 혈액 검사를 유통할 예정이었다. 또한, 검사의 원 개발자는 존 교수의 동료였던 중국 출신의 롱시 양 연구원인데 7년 뒤 프로젝트에서 제외당했다는 논란도 불거졌다. 양 연구원은 자신이 버려졌다고 생각하고 있다.

이후 존 교수는 어떻게 되었을까? 병원 관계자의 인터뷰에 의하면 그는 얼마간의 휴식 후 다시 병원으로 돌아와 아무 일도 없었던 것처럼 생활하고 있다.[4] 하이델베르크 대학교 연구진의 사고방식은 의료 상업화에 부합한다.

예방과 치료 사이에서

20세기 초만 해도 폐암은 거의 알려지지 않았다. 다른 암을 유발하는 파이프와 시가의 인기가 높았고, 담배는 제1차 세계대전 때부터 주로 소비되기 시작했다. 흡연은 오늘날 모든 암의 20~30퍼센트, 모든 폐암의 약 90퍼센트를 유발한다.

폐암은 건강 관리 능력을 강화하여 계속해서 줄여나갈 수 있는 대표적 질병이다. 담배는 중독성이 강해서 일단 피우기 시작하면 끊기 어렵기 때문에 초기 청소년기에 교육을 시작해야 하지만 그보다는 폐암 조기 검진 사업이 늘 투자를 받는다.

2020년 50~74세 사이 남성 흡연자 1만 3,195명과 여성 흡연자 2,594명이 참여한 넬슨NELSON 연구를 살펴보자.[5] 참가자를 무작위로 저선량 CT 폐암 검진을 받은 환자와 받지 않은 환자로 나누었다. 10년의 연구 끝에 폐암 조기 검진과 생명 연장의 연관성에 관한 결과를 발표했다. 과연 어떤 결과가 나왔을까? 의사를 위한 일간지 《애어츠테 차이퉁Ärzte Zeitung》에 따르면 저선량 CT 폐암 검진이 목숨을 구할 수 있다고 한다.[6] 이 신문은 CT 검사로 남성의 사망률은 24퍼센트, 여성의 사망률은 무려 33퍼센트나 감소했다고 전했고, 오스트리아 일간지 《데어 슈탄다드》는 흡연자에게 CT 촬영을 권장하며, CT 촬영으로 매년 오스트리아인을 1,000명 이상 구할 수 있다고 보도했다.[7] 또, 수많은 언론은 폐암 검진을 통해 생명을 구할 수 있음을 드디어 입증했기 때문에 수십억 유로를 투자해 널리 보급해야 한다고 주장했다.

넬슨 연구에서 실제로 알 수 있는 정보는 무엇일까? 조기 검진을 받은 실험군과 받지 않은 대조군에서 각각 1,000명을 관찰해 보면 연구 결과를 쉽게 이해할 수 있다. 그림 11.2를 자세히 살펴보자. 조기 검진에서 폐암 진단을 받은 남성 중 24명이 10년 후 폐암으로 사망했고, 조기 검진을 받지 않은

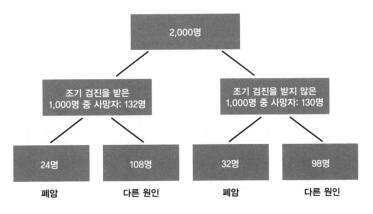

그림 11.2: 정직하게 다시 소개한 넬슨 연구.

남성 중에서는 32명이 폐암으로 사망했다. 폐암을 포함한 전체 사망자 수가 대조군에서 130명, 실험군에서 132명이라는 사실은 어떤 언론에서도 보도하지 않았고, 넬슨 연구 보고서에서도 언급하지 않았다.

정리하자면 조기 검진은 어떤 목숨도 구하지 않았다. 조기 검진을 받은 집단에서 폐암 사망자가 조금 적긴 했지만 다른 암으로 사망한 참가자가 많았다. 폐암을 포함하여 각종 암 사망자 수를 함께 따져보아야 검사의 신뢰도를 판단할 수 있다. CT로 폐암 조기 진단을 받은 남성 중 폐암을 포함한 암으로 사망한 남성의 수는 조기 검진을 받지 않은 남성의 수와 비슷했다.

그 외에도 암이 여러 장기에서 동시에 발견된 경우 어떤 암으로 사망했는지 정확히 판단하기 어렵다. 넬슨 연구의 저자들도 전문가들이 86퍼센트의 사례에서만 사망 원인을 폐암으로 진단했다고 밝혔다. 나머지 14퍼센트의 경우 여러 종류의 암을 사망 원인으로 거론했다. 넬슨 연구는 암 사망률과 전체 사망률을 놓고 봤을 때 조기 검진을 받은 집단과 받지 않은 집단 사이의 유의미한 차이를 발견하지 못했다.

제목: 폐암을 찾아내는 조기 검진의 발달과 보급

작성자: 베아테 슈마허Beate Schumacher 박사

작성 일시: 2020년 1월 29일 18시 1분

저선량 CT 폐암 검진이 생명을 살린다는 사실은 이미 널리 알려져 있다. 9년 전, 미국의 NLST 연구는 저선량 CT 촬영이 고위험 환자의 암 사망률 감소에 도움이 되는 것을 밝혔었다. 여기에서 더 나아가 최근 발표된 넬슨 연구는 유럽 표준에도 적합한 방식으로 고위험 환자의 암 사망률을 줄일 수 있다는 것을 증명했다. 처음 조기 검진을 받고 10년 뒤 장기 흡연자의 폐암 사망률은 조기 검진을 받지 않은 흡연자보다 남성의 경우 24퍼센트, 여성의 경우 33퍼센트 더

낮았다.

– 폐암 조기 검진을 조사한 넬슨 연구에 대한 《애어츠테 차
이퉁》의 논평

정직한 언론이라면 이 결과를 다음과 같이 보도했어야 했다.

넬슨 연구에 따르면 조기 검진을 받은 집단의 남성 1,000
명당 폐암으로 사망한 사람은 24명이며, 조기 검진을 받지
않고 폐암으로 사망한 남성은 32명이다. 조기 검진을 받은
집단의 폐암 사망자 수는 8명 더 적지만, 다른 암으로 사망
한 참가자가 더 많은 것으로 밝혀졌다. 전체 사망률은 두
집단 모두 비슷하다. 따라서 넬슨 연구는 폐암 조기 검진이
생명을 구하거나 수명을 연장한다는 주장을 증명하지 못
한다.

2011년 1월, 국가 폐암 검진 연구는 넬슨 연구와 달리 모든
종류의 암 사망률이 감소했다고 발표했다. 하지만 2019년 후
속 연구에서는 사망률이 다시 증가했다. 모든 독일 국민이
폐암 조기 검진을 받는 데 쓰이는 수십억 유로는 다른 분야
에서 더 효율적으로 사용할 수 있을 것이다.

조기 검진으로 암을 미리 발견한 사람은 건강하게 하루를 더 살 수 있는 것이 아니라 치료를 견뎌야 하는 날을 하루 더 얻는 것이다. 폐암에 대항하는 무기는 예방 대책이지 조기 검진이 아니다. 학교에서 어린이와 청소년의 위험 관리 능력을 길러주고 흡연이 얼마나 해로운지 깨닫게 하는 교육이 생명을 살리는 길이다. 교육이야말로 최고의 예방책이다.

12장
두려움이
건강을 해친다

우선 오해를 일으킬 수 있는 부분을 짚고 넘어가야겠다. 두려움이라는 감정 자체는 인간에게 꼭 필요하다. 호모 사피엔스가 두려움을 느낄 수 없었다면 이미 오래전에 멸종했을 것이다. 아마 두려움이 없는 유인원도 있었을 테지만, 두려움을 모르니 지금은 멸종한 검치호랑이가 다가와 잡아먹으려 해도 가만히 서 있었을 것이다. 다시 말해, 두려움을 모르는 유전자는 다음 세대로 유전될 수 없었다. 두려움이라는 감정은 유전적으로 가치가 있으며, 종의 생존에도 필수적이다. 단, 지나친 두려움은 인간에게 해롭다. 특히, 엉뚱한 것에 두려움을 갖는 일은 건강을 해칠 뿐이다.

차근차근 살펴보자. 먼저, 백만 년 전 원시림에서 유용했던 수많은 본능과 자동운동은 기원후 3세기에 들어 점점 더 비생산적이라 여겨졌을 것이다. 다양한 오염 물질과 수많은 독극물에 대해 반자동으로 생기는 두려움은 유해 물질의 양이 실제로 생명에 위협이 될 만큼 많을 때나 유용했다. 현대의 분석 시스템으로 아주 소량의 유해 물질도 찾을 수 있게 되면서 무조건 두려움에 떨 필요가 없어졌다.

2011년 독일 전역으로 퍼진 다이옥신 사태가 바로 그 예다. 슐레스비히홀슈타인주의 한 사료 제조업체가 사료에 함유되는 지방을 위해 바이오디젤Bio-Diesel에서 나온 다이옥신 오염 잔류물을 사료에 첨가했다. 다이옥신은 닭 사료를 통해 달걀로 흡수되었고, 돼지 사료를 통해 돼지에게도 흡수되었다.

독일은 공황 상태에 빠졌다. 해당 사료 제조업체의 직원들은 살인자라고 손가락질당했고, 끝장내 버리겠다는 협박도 받았다. 시민들은 돈에 눈이 먼 작은 범죄 집단이 체계를 파괴했고, 국가는 항상 그렇듯 늦장 대응을 한다고 분노했다. 라디오 방송국 바이에른Bayern 3의 게시판에서 "범죄자들이 나라를 해치고 있다.", "사장의 모든 재산을 압수하고 피해자에게 분배해야 한다"라고 목소리를 높이는 사람도 있었다.

이 사건을 책임져야 하는 정치인들도 이성을 잃고 흥분해서는 진실이 아니라는 것을 알면서도 대다수 유권자와 한목소리를 냈다. 노르트하르츠 농민 협회장은 책임이 있는 회사에 가장 가혹한 벌을 내려야 한다며 회사를 파산시키거나 몰수해야 한다고 주장했고, 브란덴부르크주 소비자 보호부 장관 아니타 타크Anita Tack와 니더작센주 법무부 장관 베른트 부제만Bernd Buseman은 대중의 분노를 잠재우기 위해 추가 조사도 없이 철저한 진상 규명과 범죄자에 대한 강도 높은 처벌을 촉구했다. 농림부 장관 일제 아이그너Ilse Aigner는 사법부가 반드시 단호한 조처를 취해야 한다고 주장했고, 당시 바이에른 환경부 장관 마르쿠스 죄더Markus Söder는 "식중독을 일으킨 사람들을 감옥에 보내야 한다!"라고 단호한 입장을 밝혔다.

한 달 뒤, 다이옥신 사태는 모두 오경보였음이 드러났다. 달걀 지방 1그램 당 다이옥신 3조분의 1그램, 돼지 지방 1그램당 12조 분의 1그램(즉 12피코그램)이라는 기준치가 조금 초과하긴 했지만, 건강이나 생명, 신체에 실질적인 위험을 끼칠 정도는 절대 아니었다. 마녀사냥은 한 달쯤 흘러 이렇게 막을 내렸다.

위험 요소는
정말로 위험한가

다이옥신 대공황 이후에도 언론은 근거 없는 두려움을 거듭 퍼뜨렸다. 코로나 이전 독일에서 공포감을 조성하는 인기 주제 1위는 미세 먼지와 질소였지만 최근에는 아무도 관심이 없다. 2018년 4월 연방 환경청은 매년 독일에서 약 6,000명이 질소에 의해 사망했다고 보고했다. 환경청에서 위임한 이 연구에 따르면 독일인 5,996명이 도로 교통에서 만들어진 이산화질소 오염으로 인해 발생한 심혈관 질환으로 조기 사망한다고 한다.

하지만 이 숫자에는 여러 가지 이유로 통계상 비판의 여지가 있다. 우선 이 수치는 특정 날짜에 특정 지역을 흐르는 강의 수위를 알아내듯 측정으로 밝힌 결과가 아니라 모델을 계산한 결과다. 모델 계산의 결과는 틀릴 때도 있으며, 신뢰도는 모델 자체의 신뢰도에 달려있다. 하지만 모델을 신뢰할 수 있는 경우는 놀라울 정도로 드물다. 가정이 아무리 합리적이라고 해도 실제로 이산화질소가 심혈관 질환과 사망을 부른다는 증거를 찾을 수 없을뿐더러, 지금까지 어떤 의사도 이산화질소 오염을 사망 원인으로 언급한 적이 없다.

도로 교통이 심혈관 질환을 유발했다는 설명도 터무니없다. 차라리 담배나 장식용 양초에 책임을 묻는 것이 더 그럴듯할 것이다. 담배 세 개비가 내뿜는 미세 먼지는 포드 자동차 몬데오 유로 3 디젤이 30분 동안 배출하는 미세 먼지보다 10배는 더 많다. 아드벤츠크란츠의 양초 네 개를 동시에 켜도 이미 이산화질소 기준치를 초과할 수 있다. 그래도 사실 여부와 상관없이 공포감 조성이라는 목적은 달성되었다.

특정 위험 요소로 인한 사망자 수를 올바르게 계산한다고 하더라도 이 수치는 건강에 위협이 되는 요인에 대한 오해를 불러일으키는 지표일 뿐이다. 위험 자체가 감소하더라도 사망자 수는 증가할 수 있기 때문이다. 한 가지 위험이 사라지면 다른 위험이 찾아온다. 이 논리에 근거하여 2017년 12월 《이달의 잘못된 통계》에서 세계 보건 기구가 발표한 '환경 오염으로 연간 1,300만 명 사망'이라는 통계를 다루었다.

불가사의한
암 발생률

현대인이 가장 두려워하는 질병은 당연히 암이다. 구글에서 "암 유발"이라는 검색어의 조회 수는 56만 번에 달한다.

이것이 두려움이 아니면 무엇이겠는가? 그래서 언론에서는 암을 유발하는 다양한 위험에 대한 근거 없는 공포 조장을 즐겨 한다. 2015년 10월 《이달의 잘못된 통계》의 주제는 '소시지를 매일 50그램씩 섭취하면 대장암에 걸릴 확률이 약 18퍼센트 증가한다'였다. 통계대로라면 소시지는 석면이나 담배와 같은 범주에 속한다.

이 보도 때문에 소시지에 대한 공포가 독일 전역에 퍼졌다. 이 통계를 보도하지 않은 라디오와 텔레비전 방송은 아마 없을 것이다. 《빌트》는 10월 27일 「소시지와 햄, 발암 식품으로 구분!」이라는 제목으로 소시지의 위험성을 경고했고, 《차이트》는 10월 26일 「담배처럼 소시지도 사람을 죽일까?」라는 기사를 실었다.

그런데 여기서 18퍼센트는 무엇을 의미할까? 먼저, 이 수치는 절대 위험이 아니라 상대 위험 비율임을 알아야 한다. 상대 수치와 절대 수치의 핵심 차이점은 책에서 여러 번 설명했다. 언젠가 사는 동안 대장암에 걸릴 수 있는 절대 확률은 5퍼센트다. 꾸준히 소시지를 섭취한 사람이 대장암에 걸릴 확률은 5.9퍼센트로 올라간다. 이 확률을 상대 수치로 고려하여 계산했을 때 언론에서 보도한 대로 약 18퍼센트라는 계산이 나온다. 하지만 최초 백분율에서부터 오류가 있을 것이다.

이 연구를 절대 신뢰할 수 없는 이유는 사망자 수가 아닌 암 환자 수를 집계했고, 암 환자와 소시지 섭취의 관련성을 회고 조사법으로 알아냈기 때문이다. 질문을 받으면 기억하지 못했던 일까지 떠오르기 마련이다. 결론을 말하자면, 소시지 섭취에 대한 두려움을 조장한 기사에는 아무런 근거가 없다.

발암의 위험을 논할 때 늘 다시 등장하는 오보는 특정 지역에서 빈번하게 암이 발생하는 현상과 관련이 있다. 여론을 살펴보면 정말 우연히도 암뿐만 아니라 많은 질병이 원하는 지역을 고르는 재주를 지닌 모양이다. 예를 들어 미국 가톨릭 교회 근처에서 백혈병이 초자연적으로 자주 발병한다는 보고가 있다. 독일인은 석유 및 가스 생산 현장과 천연가스 채취장, 핵시설 근처에서 암이 자주 발병하는 것을 수십 년째 걱정하고 있다.

이와 관련하여 2016년 5월 8일 일간지 《하노버션 알게마이네 차이퉁Hannoversche Allgemeine Zeitung》에 실린 「로데발트의 불가사의한 암 발생률」이라는 기사는 《이달의 잘못된 통계》에 소재를 제공했다. 2005년부터 2013년까지 작은 마을 로데발트의 주민 2,500명 중 20명이 백혈병이나 림프암에 걸렸다.

기사에 따르면 평균 발생 건수인 12명보다 더 많기 때문에 이 지역의 높은 암 발생률은 우연이 아니라 통계상 유의미하다고 설명하며, 로데발트 지역에서 석유를 생산하던 과정에서 유출된 벤젠이 암을 유발한 것으로 추측했다.

이와 같은 현상은 통계적으로 무의미하고, 오히려 평범하기까지 하다. 2020년 12월 기준으로 2,000~2,999명이 사는 로데발트와 비슷한 규모의 지역은 독일에 1,008곳이 있었다. 1,008지역에서 백혈병이나 림프암이 발생할 확률을 각각 2,500분의 12라고 가정해 보자. 많지는 않더라도 백혈병이나 림프암이 아예 발생하지 않은 지역도 있을 것이다. 대부분은 지역마다 10~15명이 이 병에 걸렸고, 20명이 넘게 걸린 지역도 몇 군데 있었다. 그림 12.1은 질병 발생 건수에 0부터 20까지 숫자를 매기고 1,008지역에서 각각 얼마나 자주 백혈병 및 림프암이 발생했는지 표시했다. 도표에서 볼 수 있듯 로데발트에서만 20건이 발생한 것은 아니다. 즉 특정 지역에서 암 발생률이 높은 현상은 우연이라고 설명할 수 있다.

물론 한 지역에서 자주 발생하는 질병은 체계적인 원인을 가질 수도 있다. 평균 이상의 암 발생률과 로데발트의 석유 생산 사이의 연관성을 아예 배제할 수는 없지만 이 연관성은 '12', 혹은 '20'과 같은 숫자로 단순히 도출할 수 있는 문제

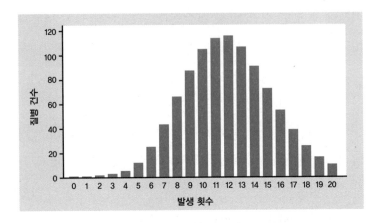

그림 12.1: 로데발트와 비슷한 규모의 지역의 백혈병 및 림프암 발생 건수(질병 발생률을 1/2500으로 가정).

가 아니다. 이러한 문제의 구조적 원인을 찾기 위해 후속 연구를 진행하면 떠들썩했던 것에 비해 실속 없는 결과를 얻을 때가 많다.

인간에게는
모든 것이 해롭다

특정 물질이 건강을 위협하기 시작하는 기준치를 정확하게 알리지 않는 것도 공포를 유발하는 검증된 방법이다. 독일 소비자 단체에서 발행하는 《외코테스트Ökotest》와 같은 잡지에서 이 방법을 자주 볼 수 있다. 기준치와 관련한 논쟁을 설명하기 위해 한 과학 논제를 예로 들겠다. 이 논제는 처음 등장한 후 500년이 흐른 지금까지도 유용하다. 갈릴레이도 뉴턴도 아인슈타인도 이 주제에 관해서라면 침묵했다. 바로 위대한 연금술사 파라켈소스에서 기원한 '용량에 관한 논제' 다. 이전 책에서도 이미 말했지만, 핵심 내용은 거듭 언급해야 할 정도로 중요하다. 파라켈소스가 남긴 유명한 명언을 살펴보자.

인간에게 해롭지 않은 것이 있을까? 모든 것이 해로우며 해롭지 않은 물질은 없다. 하지만 적정량을 지키면 해롭지 않다. 즉, 적정량을 초과하여 먹고 마시는 모든 음식과 음료가 해롭다.

즉, 유해 물질을 논할 때 물질 자체보다는 물질의 용량이 중요하다. 공포 분위기를 조성하는 이들은 이 사실을 비밀로 한다. 아무리 품질이 좋은 식수라고 하더라도 넘치게 마시면 독이 된다.

영국에 사는 한 주부의 이야기가 의학 학술지에 실린 적 있다. 자세한 내용은 소개되지 않았지만, 이 여성은 가정용

세척제를 삼키고 공포에 휩싸여 약국에 전화를 걸었다. 물을 많이 마시라는 약사의 말에 여성은 물 12리터를 마셨고 한 시간 뒤 물 중독으로 사망했다. 사망할 정도로 물을 많이 마신 사건은 마라톤 선수, 철인 3종 경기 선수, 축구 선수, 요가 수련자에게도 이미 일어난 적 있다. 과도하게 수분을 섭취하여 체내에 수분이 필요 이상으로 많아지면 신체는 염분 균형을 이루지 못한다. 곧 혈액 내 나트륨이 부족해지며 물이 세포로 유입되어 세포가 부을 뿐만 아니라 뇌까지도 부어 위험한 상태가 된다. 수분 과잉 상태는 메스꺼움, 구토, 경련, 현기증, 두통을 일으키고 극단적인 경우에는 사망의 원인이 되기도 한다.

거의 모든 물질이 특정 용량을 초과하면 해로워지는 것처럼 거의 모든 물질이 특정 용량을 넘기지 않으면 무해하다. 이 사실을 잊어버릴 때 불필요한 두려움에 휩싸이거나 두려움에서 빠져나오지 못한다. 세상에 존재하는 모든 물질 안에 거의 모든 물질이 극미량이라도 들어있기 때문에 두려움을 만드는 요인은 수백만 가지가 넘는다.

스위스 과학 전문 언론인 《허버트 체루티Herbert Cerutti》는 스위스 일간지 《노이에 취르허 차이퉁Neue Zürcher Zeitung》에서 "모든 물질을 함유한 모든 물질"에 대한 내용을 율리우스 카이

사르의 마지막 호흡을 예로 들어 설명했다.[1] 카이사르는 양아들 부루투스와 다른 공모자들의 손에 죽기 전에 공기 약 2리터를 흡입했다. 이는 공기 분자 10^{22}의 약 6배에 해당하는 양이다. 카이사르가 들이마셨던 공기는 공기 분자 $9 \times 10^{22} \times 10^{21}$개로 구성된 대기 중에 2,000년에 걸쳐 일정하게 퍼져나갔다. 따라서 공기 분자 1.5×10^{21}개마다 카이사르의 날숨 한 번이 포함되어있다. 체루티는 인간이 평소대로 호흡할 때 한 번 숨을 들이쉬면 공기 0.5리터를 들이마실 수 있는데 이는 분자 1.5×10^{21}개에 해당하는 양이며 숨을 쉴 때마다 카이사르가 내뱉은 공기 분자 10개를 들이마시고 있다고 설명했다.

더 나아가 매일 숨을 쉴 때마다 클레오파트라, 예수, 빌헬름 텔과 소통한다고 생각하면 기분이 색다를 것이다. 이런 식으로 생각하면 우리는 폭군 네로 황제, 잔인한 총독 게슬러와도 긴밀한 관계에 있다. 체루티는 대기 순환으로 인해 전 세계의 선량한 사람 모두가 어쩔 수 없이 스탈린과 히틀러의 숨을 강제로 들이쉬게 되는 것도 막을 수 없는 일이라고 덧붙였다. 이 사실이야말로 두려움을 자아내는 정보다.

체루티는 인체가 악하고 신성한 물질로 둘러 쌓여있다는 사실을 말하고자 했다. 하나씩 찾다 보면 모든 물질을 찾아낼 수 있을 것이다.

생각을 멈추면 극소량의 유해 물질에도 겁을 먹는다. 그 폐해를 슐레커Schlecker사의 이유식 사건이 여실히 보여준다. 조금의 농약 성분도 허용되지 않는 독일 이유식에서 농약 성분이 검출된 적 있었다. 아기 엄마들은 시장으로 달려가 채소를 사서 직접 이유식을 만들기 시작했다. 하지만 문제가 제기된 슐레커 제품보다 시장 채소에 유해 물질이 최대 200배나 많이 함유되어있다는 사실은 인지하지 못했다.

이 부작용은 오늘날 위험 논의의 비합리적 요소인 '터널 시야'의 예를 설명한다. 우리는 한 위험에서 벗어나려고 달아나다가 다른 위험에 쉽게 빠지고 만다. 우리 책의 저자 중 한 명인 기거렌쳐가 증명한 것처럼 미국의 9.11테러에 뒤이은 공황으로 사망한 사람이 납치된 비행기 네 대에 탑승하여 사망한 사람보다 6배 더 많았다. 테러 이후, 장거리를 이동할 때 비행기를 타지 않고 자동차를 운전하다가 교통사고로 사망하는 미국인이 많아졌었기 때문이다.

그림 12.2는 9.11 테러 전후 월별 미국 교통사고 사망자 수와 1996~2000년 연평균 미국 교통사고 사망자 수의 편차를 보여준다. 9월 11일 전에는 특이점이 보이지 않지만 사건 이후부터 월별 사망자 수는 1년이 넘게 평균(도표의 수평선 0)을 웃돌았고, 심지어 5년 만에 최대치를 기록한 적도 있었다(최

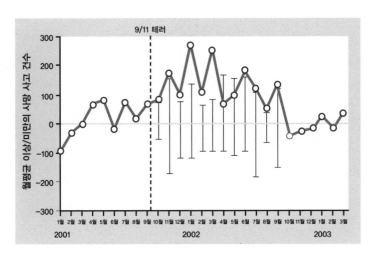

그림 12.2: 2001년 9월 11일 테러 사건 전후
미국의 교통사고 사망률과 장기간 평균의 비교.

출처: 「위험: 올바른 결정을 내리는 방법Risiko: Wie man die richtigen Entscheidungen trifft. Bertelsmann」 21쪽

대치와 최소치는 매달 막대로 표시되었다). 1년이 지나고 나서야 교
통사고율이 정상 범위로 돌아왔는데 이 기간에 사망한 운전
자는 테러가 일어나기 전의 평균 사망자 수보다 약 1,600명
더 많았다.

이 현상은 테러리스트가 우리의 두려움을 이용하여 달성
하는 '두 번째 테러 공격'이다.

13장
더 나은
삶은 어디에

언론은 지식으로 가득 차 있다. 채식주의에 대한 정보, 기후나 동물을 위한 보호 정책, 건강을 지키는 비법과 코로나를 예방하는 방법 등 다양한 지식을 마치 과학적으로 이미 증명된 것처럼 보도한다.[1] 예를 들어 한 언론은 별것 아닌 일에도 쉽게 민감해지는 일을 피하기 위해서는 아침 식사상에 오르는 음식의 탄수화물 함유량에 주의를 기울여야 한다고 보도했다.[2]

이러한 정보는 일반적으로 역학 관찰 연구를 기반으로 한다. 연구 결과는 종종 상관관계를 언급하는데, 그때마다 늘 인과관계가 성립하는 것은 아니다. 이 내용이 책에서 거듭 등장하는 이유는 매우 중요하여 늘 강조해야 하는 내용이기 때문이다. 말도 안 되는 통계의 출처들을 밤새 솎아낸다면 건강과 관련한 모든 정보의 반이 언론에서 사라질 것이다.

채식주의가 코로나를 예방할 수 있다는 보도를 살펴보자. 의료계에 종사하여 코로나에 걸릴 위험이 큰 3,000명 중(95퍼센트는 의사) 채식주의자 사이에서 실제로 중증 코로나 환자가 적었던 것으로 나타났다.[3] 하지만 보도의 내용과는 달리 코로나가 가볍게 진행된 경우, 식습관뿐만 아니라 식습관 및 질병의 경과와 관련된 다른 요인에 원인이 있을 가능성이 크다. 예를 들어 채식을 선호하는 사람은 종종 생활 속 다른 영역에서도 건강을 의식할 확률이 높으며 면역 체계가 잘 형성되어 있어서 채식주의자가 아니더라도 중증 코로나 증상이 없었을 수 있다. 또, 청량음료 소비가 증가하면 순환 허탈 위험이 함께 증가한다는 연구 결과도 '코로나-채식'과 유사한 방식으로 잘못 인식되었다. 청량음료 소비가 증가할 시기에 순환 허탈 환자가 많아지는 현상이 사실이기는 하지만 청량음료가 순환 장애를 유발해서가 아니라 여름날 더위에 청량음료를 더 많이 마시게 되고, 동시에 혈액 순환에 더 자주 문제가 생기는 것이다.

위 예시에서는 세 번째 변수가 첫 번째 변수와 두 번째 변수 사이의 상관관계를 보장한다. 그뿐만 아니라 상관관계를 이루는 두 변수의 방향이 모호할 때도 있다. 예를 들어 채식주의 생활양식이 우리를 더 나은 사람으로 만든다는 진술에서는 두 변수 사이에 존재하는 인과관계의 방향이 확실하지 않다.[4] 관습에 얽매이지 않고, 권위를 거부하는 사람은 음식에 관해서도 비슷한 방식을 취할 것이라고 가정해 본다면 두 변수 사이에 인과관계가 있을 수 있지만, 채식주의 식단이 성격에 영향을 끼치는 것이 아니라 성격이 채식주의 식단에 영향을 끼친다고 보는 것이 더 바람직할 것이다. 즉, 특정 성향을 지닌 사람이 채식주의자일 확률이 높다.

모두가 맞다고 해도
틀릴 수 있다

병원에서 미심쩍은 진단을 받은 환자는 다른 의사의 소견도 들어봐야 한다는 말이 있다. 이 조언은 역학에서도 통한다. 같은 주제에 대해 가능한 한 많은 연구를 살펴봐야 한다. 그런데 모든 연구가 같은 질문에 비슷한 답을 한다면 무엇에 주의를 기울여야 할까? 모든 연구 결과가 인과관계를 증명한다면, 이 결과를 신뢰해야 하지 않을까?

동일한 주제에 대한 서로 다른 연구는 수학적 통계에서 소위 메타 분석이라고 불린다. 채식이 제2형 당뇨병의 위험을 거의 4분의 1로 감소시킨다는 언론 보도도 메타 분석을 기반으로 한다.[5/6] 이 메타 분석에는 두 변수의 연관성에 대한 추론 9가지가 담긴 연구 7편이 쓰였다. 언론은 7가지 연구에 총 30만 명이 넘는 사람이 참여한, 놀랄 만한 규모라고 일관되게 강조했다. 그러나 연구에서 실험 참가자 30만 명을 직접 관찰한 것이 아니라 메타 분석을 통해 연구 7편의 추론 9개를 참고했을 뿐이다. 게다가 추론조차도 어느 정도 미리 선별되었다. 분석을 위해 쓰인 결과는 '출판 편향'의 영향을 받아 이미 출판된 연구에서 나왔다. 출판 편향이란 연구 결과를 보도하는 언론이 통계상 유의미한 결과를 선호하는 현상이다. 무의미한 결과를 증명한 연구는 출판되지 않고, 더 나아가 메타 연구에도 쓰이지 않는다. 채식주의가 당뇨병의 위험을 낮추지 않는 결과를 다룬 연구가 얼마나 많은지 우리는 알 수 없다.

어떤 추정 결과가 메타 연구에 쓰였는지 아는 것이 중요하다. 많은 연구는 주장을 뒷받침하기 위해 다양한 집단의 분석을 놓고 소위 '강건성 검사'를 실시한다. 이렇게 도출한 모든 결론을 메타 분석에 사용할까? 아니면 선호하는 결과만

쓰는 것일까? 위에 언급한 메타 연구에는 7개의 연구에서 참고한 9개의 결과가 사용되었다. 즉, 한 연구에서도 여러 가지 결과가 나올 수 있다는 뜻이다. 여기서, '연구 저자는 연구의 핵심 결과를 뒷받침하지 않는 강건성 검사도 연구에서 언급했을까?'라는 질문을 해볼 수 있다. 강건성 검사를 설명하면 언론의 주목을 덜 받을 것이다. 메타 연구는 새로운 지식을 습득하는 데 매우 중요하지만 이해하는 데 있어 각별한 주의가 필요하다.

성욕이 없는데
만족도가 무슨 소용

사랑은 눈을 멀게 하고 언론과 미디어도 눈을 멀게 한다. 그래서 성생활과 관련된 주제는 유독 오보가 많다. 예를 들어 채식 식습관이 남성성을 키우고, 과일과 채소에 함유된 특정 영양소가 발기 부전을 예방한다는 보도가 있었으며, 여성을 위해서는 「최초의 여성 성욕 증가 알약 출시」, 「쾌락을 좇는 더 큰 욕구」라는 제목의 기사가 있었다.[7] 성욕 저하 장애Hypoactive Sexual Desire Disorder, HSDD라는 정식 명칭을 가진 성적 흥분 감소 증상은 드물게 남성에게 나타나기도 하지만 주로 여성에게 발생한다. 기사에 따르면 질병임이 분명한 이 문제를 이제 '여성을 위한 비아그라'가 해결할 것이라고 한다. 여성은 한 달 치가 400달러나 하는 애디Addyi라는 작은 분홍색 알약을 매일 복용해야 한다. 독일 언론은 성욕으로 돈벌이를 하려는 이 사업을 매우 비판했다. 독일 제약 회사는 이 알약을 원래 우울증 치료제로 개발한 후 새로운 시장을 모색했지만, 미국 식품의약국Food and Drug Administration(이하 FDA)은 효과와 내약성이 낮다는 이유로 승인을 거부했었다. 이후 미국 제약회사가 이 알약의 개발 및 판매권을 사고도 FDA의 승인을 받지 못했었는데 어마어마한 돈을 쏟아부어 로비하고 나서야 승인이 떨어졌다.

애디가 성욕 저하 증상에 전혀 도움이 되지 않는다는 사실을 다루지 않은 언론이 많았다. 어떤 연구에서도 이 약이 성욕을 증가시킨다는 것을 증명하지 못했다. 유일한 실험 결과로는 '만족스러운 성관계' 횟수가 플라세보 알약을 받았을 때 매달 3.7번이었던 것이 애디를 복용한 후 4.4번으로 오른 것이다. 높은 성욕과 만족스러운 성관계에는 중요한 차이가 있다. 여성에게 나타난 '성욕 자체의 결핍'이라는 문제에 만족스러운 성관계 횟수를 높이는 알약이 도움이 되지 않기 때문이다. 게다가 기절, 현기증, 메스꺼움과 같은 부작용을 원하는 여성은 아무도 없을 것이다. 또, 이 약은 알코올과 함께 흡수되지 않아서 약을 복용하는 동안에는 금주하는 것이 좋다. 제약 회사가 애디 개발에 막대한 재정을 지원했는데도 연구 결과에서 긍정적인 효과를 그다지 많이 볼 수 없다는 점을 비판적으로 받아들여야 한다. 물론 행복도를 높이기 위한 다른 방법도 있다. 남편과 와인을 함께 마시는 오붓한 시간을 늘려보면 어떨까? 4.5라는 횟수보다 더 좋은 결과를 낼 수도 있을 것이다.

장수마을의
비밀

더 나은 삶, 더 행복한 삶을 위한 쉽고 빠른 방법은 아무래도 없는 모양이다. 그렇다면 적어도 오래 살 수 있는 곳, 예를 들면 '100세인의 계곡'이라 불리는 에콰도르의 빌카밤바 Vilcabamba 같은 곳으로 이사하는 것은 어떨까? 수많은 백만장자와 유명한 배우들도 이 동네로 이사했다. 미국 드라마 〈댈러스Dallas〉로 유명한 배우 래리 해그먼Larry Hagman도 짧게나마 이곳에서 살았다.

빌카밤바는 세계에서 가장 건강한 곳이라는 신화를 자랑

한다. 주민 4,200명이 거주하는 이 지역에 사는 100세 이상 노인은 다른 지역과 비교했을 때 10배 더 많았다. 주민들은 아주 건강하여 앓는 질병이 거의 없고 세상을 떠날 때는 편하게 잠이 든다. 이 장수마을은 의학적으로 설명되지 않는다. 장수비결을 찾기 위해 몰두한 의학자들도 있는데 끝내 알아내지 못했다. 주민들은 특별히 건강식을 먹는 것도 아니고, 오히려 마리화나와 비슷한 효과를 내는 말린 독말풀 잎인 차미코Chamico를 피우며 술을 즐겨 마신다. 그뿐만 아니라 남미의 작은 안데스 마을의 위생 및 의료는 독일의 의료 보건 체계와 비교할 수 없을 것이다.[8]

그렇다면 이곳의 주민들은 어떻게 장수할 수 있게 되었을까? 답은 놀라울 정도로 단순하다. 바로, 작은 수의 법칙이 작용한 것이다. 이 현상을 자세히 살펴보자.

로데발트의 의문스러운 암 발생률을 설명할 때 작은 수의 법칙을 잠깐 소개했다. 이와 마찬가지로 100세인의 계곡도 우연의 산물일 수 있다. 전 세계에서 약 4,200명이 사는 마을을 모두 나열하면, 정말 우연히도 주민들이 특히 오래 살거나 건강한 마을이 수십 개가 넘는다. 인구가 적은 마을은 찾기만 하면 장수마을인 셈이다. 예를 들어 일본의 오기미大宜味村 마을이나 이탈리아 사르데냐섬의 페르다스데포구

Perdasdefogu 마을에도 100세 이상 노인이 비정상적으로 많다. 그런데 유독 빌카밤바가 장수의 신화로 주목받게 된 이유는 유럽과 미국에서 온 나이 든 백만장자들이 이 마을에 정착했기 때문이다.

이들의 이민은 장수 신화가 계속 이어지도록 보장한다. 부유한 사람들은 대부분 오래 산다. 게다가 이들은 이미 나이가 지긋이 들고서야 빌카밤바로 이사했다. 사람이 살지 않는 바이에른 숲속에 마을을 짓고 80세 이상 노인을 이주시킨다면 20년 뒤에는 이 마을에도 100세 노인이 많아질 것이다. 그런데 해그먼에게는 빌카밤바로 이사한 것도 별 소용이 없었던 모양이다. 그는 암으로 81세에 세상을 떠났다.

왜 지구상에 100세 노인이 인구 대비 비정상적으로 많은 '대도시'는 없을까? 답은 간단하다. 거기에는 이미 너무 많은 사람이 살고 있기 때문이다.

나가는 말
통계적 사고를 위한 우리의 노력

통계를 근거로 사실을 보도하려는 언론이 점점 많아지고 있다. 경제잡지 《카피탈Capital》은 《이달의 잘못된 통계》의 전문가에게 자문해 채식이 제2형 당뇨병 발병을 저지하는 효과가 연구에서 밝혀진 것보다 현저히 낮은 이유를 보도했고, 코로나 테스트 결과와 관련해 통계학자들도 발언권을 얻어야 한다고 주장했다. 주간지 《차이트》는 개인과 경제 분야에 더 혹독한 일이 일어나는 것을 막기 위해 통계를 활용해야 한다고 통계학을 지지했으며, 《이달의 잘못된 통계》에서 밝혀낸 코로나에 대한 잘못된 통계를 기사로 실었다. 시사지 《포쿠스 온라인》은 통계 전문가 카타리나 슐러Katharina Schüller

에게 기사 수십 개의 평가를 요청했고, 슐러를 '코로나 전문가'로 소개했다. 일간지 《빌트》와 주간지 《빌트 암 존탁Bild am Sonntag》은 우리에게 종종 자문하고, 잡지사 《슈테른Stern》은 "A형 혈액형이 코로나19에 걸리면 중증화될 위험이 다른 혈액형보다 정말로 높을까?"와 같은 코로나와 혈액형 연구에 대한 평가를 요청했다. 영미권의 《블룸버그Bloomberg》와 《헬스뉴스HealthNewsReview》부터 라틴 아메리카판의 《시카고 트리뷴Chicago Tribune》, 터키 일간지 《휘리예트Hürriyet》, 인도의 《이코노믹 타임즈 나우Economic Times Now》에 이르기까지 이 연구는 국제 언론의 관심을 끌었다.

언론의 각성과 동시에 2011년에 시작한 《이달의 잘못된 통계》를 위해 정보를 수집하고 연구를 돕는 동료들이 늘었고 각종 학술지가 발표하는 엉터리 유의성 테스트에 대한 회의론도 커졌다. 독일 통계 학회Deutsche Statistische Gesellschaft는 최근 우리 프로젝트의 슐러가 이끄는 통계 문해력Statistical Literacy팀을 필두로 강의와 출판을 통한 통계적 사고 대중화에 힘쓰고 있다. 몇 년 전부터 도르트문트 공과대학교Techinische Univesität Dortmund은 통계 강의를 필수 강의로 정했고, 우리 책의 저자 중 한 명인 발터 크래머Walter Krämer가 수년 동안 강의했다. 그뿐만 아니라 언론학 교수 홀가 뵈머Holger Wormer의 미디어 닥터

Mediendotor 사업, 폭스바겐 재단Volkswagen-Stiftung의 과학과 데이터 저널리즘Wissenschaft und Datenjournalismus 프로그램, 보건 데이터의 객관성을 높이기 위한 의료 정보 제공 비영리 민간단체 코크 란Cochrane의 독일 도입, 하딩 센터의 교육 활동도 더욱 주목받 아야 한다. 하딩 센터는 영국 투자 은행가의 개발 원조로 창 립되었다. 아직 독일에는 영국 BBC 라디오 4의 〈모어 오어 레스More or Less〉처럼 숫자 뒤에 숨겨진 진실을 파헤치는 방송 프로그램이 없기 때문이다.

데이터를 이성적이고 비판적으로 해석하려는 언론의 노 력이 늘어나는데도 넘쳐나는 잘못된 통계 사례를《이달의 잘못된 통계》의 든든한 독자들이 많이 제보해 주었다. 특별 히 하이너 바츠Heiner Barz, 실비오 보너Silvio Borner, 프리드리히 브 라이어Friedrich Breyer, 군터 프랑크Gunter Frank, 게오르크 케클Georg Keckl, 우베 크놉Uwe Knop, 디터 쾰러Dieter Köhler, 알렉산더 모렐 Alexander Morell, 페터 모펠트Peter Morfeld와《이달의 잘못된 통계》 의 객원 저자 타베아 북허 쾨넨Tabea Bucher-Koenen, 악셀 뵈쉬 주 판Axel Börsch-Supan, 비욘 크리스튼즌Björn Christensen, 요르크 페터스 Jörg Peters, 펠릭스 레비쉐크Felix Rebitschek, 크리스토프 M. 슈미트 Christoph M. Schmidt에게 감사를 전한다. 크리스토프 M. 슈미트는 빔 쾨스터스Wim Kösters와 함께 이 책의 첫판에 귀중한 의견을 내주었다. 마지막으로 수년 동안 우리의 연구를 도와준 자비네 바일러Sabine Weiler, 카이 로빈 랑에Kai-Robin Lange와, 이나 마리베렌데스Ina-Marie Berendes에게도 감사의 마음을 전한다. 혹시라도 실수와 모호한 부분이 있다면 전적으로 우리 네 명의 책임이다.

참고문헌

서문

1. Jenny, M. A., Keller, N. & Gigerenzer, G. (2018): 「신속검사를 통한 최소한의 의료 통계 이해력 평가, 독일의 전향적 관찰 연구Assessing minimal medical statistical literacy using the Quick Risk Test: A prospective observational study in Germany」, BMJ Open, 8:e020847.

2. 위와 동일.

3. Gigerenzer, G. & Muir Gray, J.A. (발행인) (2013): 『좋은 의사, 좋은 환자, 나은 의술, 투명한 의료시스템의 시작Bessere Ärzte, bessere Patienten, bessere Medizin: Aufbruch in ein transparentes Gesundheitswesen』. Medizinisch Wissenschaftliche Verlagsgesellschaft, 2013.

4. Brenner, D. J. & Hall, E. J. (2007): 「컴퓨터 단층 촬영, 증가하는 방사선 피폭원 Computed tomography: An increasing source of radiation exposure」, N. Engl. J. Med. 357:2277-2284.

5. Wegwarth, O. & Gigerenzer, G. (2018): 'PLCO 증거 발표 5년 후, 난소암 조기 검진 효과에 대한 미국 산부인과 의사들의 추측과 믿음US gynecologists' estimates and beliefs regarding ovarian cancer screening's effectiveness 5years after release of the PLCO evidence'. 「Scientific Reports」, 8:17181.

6. Bond, R. (2009). '대중은 위험을 평가하는 방법을 학습할 수 있을까? 아니면 국가가 개입하여 올바른 결정을 내리도록 이끌어야 하는가?Risk school: Can the general public learn to evaluate risks accurately, or do authorities need to steer it towards correct decisions', 「Nature」, 461, 1189-1192.

7. Gigerenzer, G., Multmeier, J., Föhring, A. & Wegwarth, O. (2021): '어린이도 베이즈 정리를 이해할 수 있을까?Do children have Bayesian intuitions?', 「Journal of Experimental Psychology: General」, 150(6), 1041-1070. doi:10.1037/

xge0000979.

1장

1. Gigerenzer, G. (2002): 『회의론의 기본 원칙Das Einmaleins der Skepsis』. Berlin Verlag.

2. Gigerenzer, G., et al (2005): 〈내일 비 올 확률 30퍼센트A 30% chance of rain tomorrow〉 대중은 일기 예보의 확률을 어떻게 이해할까?How does the public understand probabilistic weather forecasts?', 「위험 분석Risk Analysis」, 25, 623-629.

3. Gigerenzer, G. & Galesic, M. (2012). '단일 사건에 대한 확률이 환자를 혼란스럽게 만드는 이유Why do single event probabilities confuse patients?' 「British Medical Journal」, 344:e245. doi: 10.1136/bmj.e245.

4. Caverly, T. J., et al. (2014): '상대 위험과 절대 위험을 혼동하면 암 검진을 과대평가하게 된다Confusing relative risk with absolute risk is associated with more enthusiasm about the value of cancer screening.'. 「Medical Decision Making」, 34, 686-692.

5. Gigerenzer, G. (2013): 〈올바른 결정을 내리는 방법Risiko: Wie man die richtigen Entscheidungen trifft〉 Bertelsmann. 위험 관리 능력 강화를 위한 하딩 센터 홈페이지, 유방암 조기 검진에 대한 진실. (https://hardingcenter.de/de/krebs-frueherkennung/brustkrebs-frueherkennung-durch-mammographie-screening), letzte Aktualisierung 10/2019.

6. Sedrakyan, A. & Shih, C. (2007): '득과 실에 대한 더 자세한 설명: 잘 알려진 치료법에 대한 연구 분석 및 영향력이 큰 의학 학술지 검토Improving depiction of benefits and harms: Analyses of studies of well-knwon therapeutics and review of high-impact medical journals' 「Medical Care」, 45, 523-528. 그리고 Numan, D., et al. (2020): '무작위 대조군 실험의 두 가지 보고 방식에 대한 CONSORT 지침을 준수하는 2010 의학 학술지: 횡단 연구Adherence in leading medical journals to the CONSORT 2010 statement for reporting of binary outcomes in randomized controlled trials: cross-sectional analysis.'. 「BMJ Evidence-Based-Medicin」. doi:10.1136/bmjebm-2020-111489.

7. Gigerenzer, G. & Muir Gray, J.A. (발행인) (2013): 『좋은 의사, 좋은 환자, 나은 의술, 투명한 의료시스템의 시작Bessere Ärzte, bessere Patienten, bessere Medizin: Aufbruch in ein transparentes Gesundheitswesen』. Medizinisch Wissenschaftliche Verlagsgesellschaft, 2013.

8. Alonso-Coello, P., et. Al. (2016): '절대 효과를 보고하는 데 있어 체계적 검토의 큰 한계Systematic reviews experience major limitations in reporting absolute effects', 「Journal of Clinical Epidemiology」, 72, 16-26.

2장

1. Morand, S. & Lajaunie, C. (2021): 〈동물 매개 전염병의 발생은 삼림면적의 변화 및 기름야자 농장의 확장과 관련 있다Outbreaks of Vector-Borne and Zoonotic Diseases Are Associated With Changes in Forest Cover and Oil Palm Expansion at Global Scale〉. 그림 2.2의 도 표의 출처: https://data.worldbank.org/indicator/AG.LND.FRST.ZS, https://databank.worldbank.org/source/world-development-indicator, 그리고https://www.imf.org/-/media/Files/Publications/fiscal-monitor/2020/October/Data/FiscalMonitorDatabase-October2020.ashx.

2. Barr, N., Pennycook G., Stolz J. A. & Fugelsang, J. (2015): '호주머니 속 두뇌, 스마트폰이 뇌 대신 생각한다는 증거The brain in your pocket: Evidence that Smartphones are used to supplant thinking', 「Computers in Human Behavior」, 48 (7월), 473-480.

3. 코로나 감염에 대한 마스크의 효과에 대해서 Bundgaard H., et al. (2021): '코로나 예방 공중 보건 조치로써 덴마크에서 시행한 마스크 착용 권고의 효과: 무작위 통제 실험Effectiveness of Adding a Mask Recommendation to Other Public Health Measures to Prevent SARS-CoV-2 Infection in Danish Mask Wearers: A Randomized Controlled Trial', 「Annals of Internal Medicin」, 173(3), 335-343, 또는 Brainard, J., et al.: '코로나19와 같은 호흡기 질환 예방을 위해 집단으로 안면 마스크를 착용하거나 이와 비슷한 조치를 취했을 때: 신속한 범위 검토Community use of face masks and similar barriers to prevent respiratory illness such as COVID-19: a rapid scoping review', 「Euro Surviel」, 2020 Dec;25 (49), 또는 Greenhalgh, T., et al. (2020)「코로나 팬데믹 동안 집단 마스크 착용」, BMJ 2020, 369. 독일의 마스크 권고와 관련하여 중요한 정보는 Mitze, T., Kosfeld, R., Rode, J. & Wälde, K. (2020): 「마스크 착용으로 독일 내 코로나19 감염 감소: 합성 통제 접근법Face Masks Considerable Reduce COVID-19 Cases in Germany: A Synthetic Control Method Approach」, IZA Discussion Papers. No 13319, 2020년 6월 참조.

3장

1. https://www.spiegel.de/netzwelt/netzpolitik/drogenbeauftragte-forscher-erklaeren-hunderttausende-fuer-onlinesuechtig-a-788488.html.

2. https://www.bayern.de/huml-warnt-vor-internetsucht-gefahr-bayerns-gesundheitsministerin-junge-menschen-haeufiger-betroffen-internetsucht-ist-thema-der-jahrestagung-der-drogenbeauftragten/.

3. https://www.waz.de/region/corona-dramatischer-anstieg-bei-suizidversuchen-von-kindern-id234241693.html.

4. https://m.focus.de/gesundheit/psychische-belastungen-in-der-pandemie-schock-studie-zu-kinder-suizidversuchen-im-corona-lockdown-das-steckt-hinter-den-zahlen_id_37384615.html.

5. https://m.focus.de/gesundheit/psychische-belastungen-in-der-pandemie-schock-studie-zu-kinder-suizidversuchen-im-corona-lockdown-das-steckt-hinter-den-zahlen_id_37384615.html.

6. https://www.wwf.de/fileadmin/user_upload/wwf_studie_wasserfussabdruck.pdf.

7. https://tud.qucosa.de/api/qucosa%3A30084/attachment/ATT-0/.

8. https://www.sueddeutsche.de/wissen/artenschutz-strassenverkehr-wildunfall-1.4956671.

9. https://energiewende.eu/windkraft-vogelschlag/.

10. https://www.berliner-zeitung.de/wirtschaft-verantwortung/ueber-34000-tonnen-bauern-spritzen-immer-mehr-pflanzengift-li.16829?pid=true.

11. https://www.agora-energiewende.de/presse/neuigkeiten-archiv/deutschland-steht-2021-vor-dem-hoechsten-anstieg-der-treibhausgasem12. issionen-seit-1990/.

13. ⟨어려워도 공평하게Hart aber fair⟩, ARD, 2021년 8월 23일, https://www1.wdr.de/daserste/hartaberfair/videos/video-klimaschutz-im-buerger-check-welcher-partei-kann-man-vertrauen-102.html.

https://rp-online.de/wirtschaft/immer-mehr-nitrat-im-grundwasser-gefahr-fuer-mensch-und-natur_aid-44825553.

14. https://www.spiegel.de/auto/aktuell/blitz-marathon-bilanz-der-bundeslaender-so-viele-pkw-wurden-erwischt-a-992701.html.

15. 「독일의 임대 시장은 망했다Deutschlands Mietmarkt ist kaputt」, https://www.sueddeutsche.de/projekte/artikel/wirtschaft/miete-wohnen-in-der-krise-e687627/.

16. https://www.presseportal.de/pm/133534/4211505.
〈노동사회부 연구〉https://www.bmas.de/DE/Service/Presse/Meldungen/2018/ausmass-von-plattformarbeit-in-deutschland-hoeher-als-erwartet.html.

17. Bonin, H. & Rinne, U. (2017): 「새로운 고용 형태에 대한 데이터를 개선하기 위한 여론 통합 조사Omnibusbefragung zur Verbesserung der Datenlage neuer Beschäftigungsformern」, IZA Research Report No. 80; https://ftp.iza.org/report_pdfs/iza_report_80.pdf.

18. 2021년 5월 15일《프랑크푸르트 알게마이네 존탁스차이퉁》보도 https://www.faz.net/aktuell/wirtschaft/auto-verkehr/gruenen-waehler-fahren-gerne-suv-die-liebe-zum-gelaendewagen-17342165.html.
https://www.wwf.de/2016/september/deutsche-wollen-push-fuer-den-klimaschutz.
뮌헨 공과대학교의 엘제 크뢰너 프레제니우스 영양 의학 센터의 연구; https://www.ekfz.tum.de/fileadmin/PDF/PPT__EKFZ_und_Forsa_2_Final.pdf.

19. Mrd.de: https://www.mdr.de/wissen/corona-pandemie-vierzig-prozent-der-deutschen-haben-zugenommen-100.html, 존탁스블라트: https://www.sonntagsblatt.de/corona-pandemie-lockdown-tu-ekfz-uebergewicht-hans-hauner, 파사우어노이엔프레세: https://www.pnp.de/nachrichten/bayern/55-Kilo-mehr-Wie-Corona-die-Deutschen-dick-gemacht-hat-4015251.html.

4장

1. 로버트 코흐 연구소의 예시: 「시간에 따라 다르게 변화하는 감염재생산지수 R에 대한 설명」, 2020년 5월 15일. https://www.rki.de/DE/Content/InfAZ/N/Neuartiges_Coronavirus/Projekte_RKI/R-Wert-Erlaeuterung.pdf?__blob=publicationFile.

2. 《이달의 잘못된 통계》의 예시: 《코로나 팬데믹과 관련한 통계 개념과 한계》, 2020
년 3월 25일 https://www.rwi-essen.de/unstatistik/101/.

3. Bar-On, Y. M., et al: 「이스라엘에서 코로나19에 대한 BNT162b2 부스터 백신의
효과Protection of BNT162b2 Vaccine Booster against Covid-19 in Israel」, N Engl J Med 2021;
385:1393-1400; https://www.nejm.org/doi/full/10.1056/NEJMoa2114255.

4. 코로나 현황 https://coronadashboard.government.nl/.

5. 국립 보건 환경 연구소: 「하수 조사를 통한 코로나 바이러스 모니터링Coronavirus
monitoring in sewage research」, https://www.rivm.nl/en/covid-19/sewage.

6. 아네 빌 토크쇼, 〈비난받는 탈세자들, 부자는 양심이 없다?Steuerflüchtlinge am Pranger
– Reiche ohne Moral?〉 2010년 2월 7일 방송 105화, https://www.fernsehserien.
de/anne-will/folgen/105-steuerfluechtlinge-am-pranger-reiche-ohne-
moral-384553.

7. 통계청: 「코로나19 위기 관련 통계」, https://www.destatis.de/DE/Themen/
Querschnitt/Corona/Downloads/dossier-covid-19.html.

5장

1. 영어로 된 엉터리 도표를 분석하는 사이트 〈정크 차트Junk Charts〉, https://
junkcharts.typepad.com/junk_charts/2014/04/conventions-novelty-and-the-
double-edge.html.

2. https://covidcompendium.wordpress.com/david-gegen-covid/. 페이스북에서
삭제되기 전에 저장해둔 게시글: https://archive.is/Fxuom. 정보의 진실성을 검
토하는 단체 'Correctiv'에서 《이달의 잘못된 통계》의 슐러에게 다음의 도표에 대
해 자문했다, https://correctiv.org/faktencheck/2021/02/08/nein-die-zahl-
der-krankenhaeuser-ist-nicht-so-stark-gesunken-wie-es-auf-dieser-grafik-
scheint/.

3. 이외에도 여러 오류가 있다. 첫째, 인구와 병원에 대한 정보는 서로 1년 차이가 난
다. 예를 들어 인구와 병원 정보는 늘 12월 31일을 가리키기는 하지만, 인구의 마지
막 수치는 2019년 12월 31일인 반면, 병원 마지막 수치는 2018년 12월 31일이다.
둘째, 페이스북에 게시된 도표는 2018년 12월 31일 병원 정보를 "2018"이라고 표
시한 반면, 2018년 12월 31일 인구 정보는 "2019년"이라고 표시했다. 그뿐만 아니

라 각 연도에 맞지 않는 숫자를 보여 가리키기도 한다.

4. 자료의 출처: https://www.gbe-bund.de/gbe/pkg_isgbe5.prc_menu_olap?p_
uid=gastd&p_aid=63572873&p_sprache=D&p_help=0&p_indnr=519&p_
indsp=5074&p_ityp=H&p_fid=#SOURCES. (Datenquellen 〉 Methodik); Genesis
Online: 표 23111-0001, 23111-0002 und 12411-0005; https://www.destatis.de/
DE/Presse/Pressemitteilungen/2020/10/PD20_N064_231.html (여기에서 데이터를
내려받고 시작 연도와 종료 연도에 알맞은 절대값으로 지수값을 곱해야 한다)

5. 총 23개국 1만 8,180명을 조사함. https://www.forbes.com/sites/
niallmccarthy/2017/08/29/where-people-cant-live-without-the-internet-
infographic/?sh=11891c9a43aa. 입소스도 이 자료는 인터넷 사용이 최소 60퍼센
트 이상인 국가에만 해당한다고 덧붙였다. https://www.ipsos.com/en/global-
trends-survey-2017. 전체 자료 링크: https://qz.com/india/1072625/i-cannot-
imagine-life-without-the-internet-yep-that-basically-describes-indians. 2016
년 인터넷 사용에 관한 수치: hier: https://www.jobambition.de/global-digital-
report-2016/.

6. https://twitter.com/AxelFlasbarth/status/1340276103768911873.

7. 2018년 연구 보도 자료: https://leo.blogs.uni-hamburg.de/wp-content/
uploads/2019/05/LEO2018-Presseheft.pdf.

6장

1. 「122세가 된 여성은 도대체 누구였나?Wer war die Frau, die 122 wurde?」, 2021년 9월 24
일《노이에 취르허 차이퉁Neue Züricher Zeitung》, https://www.nzz.ch/gesellschaft/
wer-war-die-frau-die-122-wurde-ld.1646686.

2. Lee, D., et al. (2017): '장수를 위한 핵심 생활 습관, 조깅Running as a key lifestyle medicine
for longevity', 「심혈관 질환의 진행Progress in Cardiovascular Diseases」, DOI: 10.1016/
j.pcad.2017.03.005.

3. www.ispo.com 와 www.woman.at.

4. Krogsboll, T. T., et al (2013): 『질병으로 인한 이환율과 사망률을 줄이기 위한 성
인의 일반 건강 검진. 코크란과 협업General health checks in adults for reducing morbidity and
mortality from disease. The Cochrane Collaboration』, DOI: 10.1002/14651858.CD009009.

pub3.

5. 예를 들어 Loftfield, E., et al. (2018): '카페인 대사 중 유전적 변이에 의한 커피 음용과 사망률의 연관성Association of coffee drinking with mortality by genetic variation in caffeine metabolism', 「JAMA Internal Medicin」, 7월 2일.

6. 예를 들어 2015년 11월 19일 일간지《아우스부어거 알게마이네Ausburger Allgemeine》와 2018년 7월 30일 웹 사이트 apotheken.de에 실린 보도.

7. Ding, M., et al. (2015): '3개의 대규모 집단을 대상으로 한 커피 소비와 사망률의 연관성 전향적 조사Association of coffee consumption with total and cause-specific mortality in three large prospective cohorts', 「Circulation」, 132, 2305-2315.

8. Navarro, A. M., et al. (2018): '지중해 지역 커피 소비와 전체 사망률 전향적 조사Coffee consumption and total mortality in a Mediterranean prospective cohort', 「The American Journal of Clinical Nutrition」, 108, 1113-1120.

9. Noordzij, M.,van Diepen, M., Caskey, F. C. & Jager, K. J. (2017): '상대 위험 vs 절대 위험: 하나는 다른 하나 없이 해석될 수 없다Relative risk versus absolute risk: one cannot be interpreted without the other', 「Nephrol Dial Transplant」, 32: ii13-ii18.

10. Gigerenzer, G., et al. (2007): '의사와 환자가 건강 관련 통계를 이해할 수 있도록 지원Helping doctors and patients make sense of health statistics', 「Psychological Science in the Public Interest」, 8, 53-96.

11. Gigerenzer, G. & Muir Gray, J. A. (발행인) (2011):『좋은 의사, 좋은 환자, 나은 선택, 2020년 의료 서비스를 위한 구상Better doctors, better patients, better decisions: Envisioning health care 2020』, Cambridge, MA: MIT Press. 독일어 번역판:『좋은 의사, 좋은 환자, 나은 의술, 투명한 의료시스템의 시작Bessere Ärzte, bessere Patienten, bessere Medizin: Aufbruch in ein transparentes Gesundheitswesen』. Medizinisch Wissenschaftliche Verlagsgesellschaft, 2013.

12. 「2019년 에르고 위험 보고서」 https://www.ergo.com/-/media/ergocom/pdf-mediathek/studien/risiko-report/ergo-risiko-report-2019-web.pdf?la=de&hash=634234E59B349140CB2EB01633F4F542DF50B6C2.

13. 2016년 10월《이달의 잘못된 통계》참조.

14. https://www.stuttgarter-nachrichten.de/inhalt.probleme-bei-der-briefzustellung-so-ungewoehnlich-entschuldigt-sich-die-post-fuer-den-

aerger.ca9dbf4a-bb58-4a5f-b3ca-42d329b12cf1.html.

15. Clark, Andrew E., Diener, E. D., Georgellis, Y. & Lucas, R. E. (2008): '삶의 만족도 변동: 기본 가설에 대한 검사Lags and Leads in Life Satisfaction: A Test of the Baseline Hypothesis', 「The Economic Journal」, 118(6월), F222-F243.

7장

1. https://www.aerzteblatt.de/nachrichten/129202/300-000-vorzeitige-Todesfaelle-durch-Feinstaubbelastung, https://www.eea.europa.eu/publications/health-risks-of-air-pollution/health-impacts-of-air-pollution.

2. https://www1.wdr.de/daserste/monitor/extras/pressemeldung-feinstaub-100.html.

3. https://www.umweltbundesamt.de/no2-krankheitslasten.

4. https://www.dw.com/de/studie-1200-vorzeitige-todesf%C3%A4lle-durch-manipulation-bei-vw/a-37843046.

5. https://www.dw.com/de/luftverschmutzung-t%C3%B6tet-diesel-plastik-meer-pestizid-glyphosat-wasserverschmutzung-kenia/a-41645743.

6. https://www.aponet.de/artikel/europa-tausende-todesfaelle-wegen-fehlender-gruenflaechen-25117.

7. https://www.heilpraxisnet.de/naturheilpraxis/vorzeitiger-tod-durch-chemikalien-aus-plastikbehaeltern-fuer-kosmetikartikel-20211015547760/.

8. https://www.heilpraxisnet.de/naturheilpraxis/who-bewegungsmangel-jaehrlich-fuer-5-millionen-todesfaelle-verantwortlich-20201204529097/.

9. https://www.pharmazeutische-zeitung.de/einer-von-fuenf-isst-sich-zu-tode/.

10. 「새를 키우는 것과 암 발생은 연관이 없다Vogelhaltung erhöht Krebsrisiko nicht」, 《파마초이티쉐 차이퉁Pharmazeutische Zeitung》, 1997년 3월, https://www.pharmazeutische-zeitung.de/inhalt-03-1997/medizin2-03-1997/.

11. 자세한 내용 참조 Morfeld, P., & Erren, T. C. (2019): '〈환경 오염으로 인한 조기 사망 건수〉를 적절하게 정량화할 수 없는 이유Warum ist die 'Anzahl vorzeitiger Todesfälle durch Umweltexpositionen' nicht angemessen quantifizierbar?', 「Gesundheitswesen」 2019, 81, 144-149.

12. https://www.eionet.europa.eu/etcs/etc-atni/products/etc-atni-reports/etc-atni-report-10-2021-health-risk-assessments-of-air-pollution-estimations-of-the-2019-hra-benefit-analysis-of-reaching-specific-air-quality-standards-and-more/download/file/2021-10%20Eionet%20report_HRA%20-%20FINAL1%20for%20publication.pdf.

13. https://www-genesis.destatis.de/genesis/online?operation=previous&levelinde x=1&step=1&titel=Ergebnis&levelid=1638203199155&acceptscookies=false# abreadcrumb.

14. 통계청 2018-2020 사망표 참조, Wiesbaden 2021.

15. https://www.spiegel.de/wissenschaft/medizin/woran-covid-19-kranke-sterben-massen-obduktion-in-hamburger-krankenhaus-a-241cab60-6b49-4927-aaac-56088a44bd9d?utm_source=pocket-newtab-global-de-DE.

16. 최신 정보는 Dimpfly, T., Sönkensenz, J., Bechmann, I. & Grammig, J.: '데이터 조 합을 통한 코로나19 감염 치사율 추정, 독일의 1차 유행 사례Estimating the SARS-CoV-2 Infection Fatality Rate by Data Combination: The Case of Germany's First Wave', 「The Econometrics Journal」, 2022.

8장

1. 연방내무향토부, 2018년 10월 11일 〈안면 인식 프로젝트의 성공Projekt zur Gesichtserkennung erfolgreich〉 언론 보도.

2. Gigerenzer, G. (2021): 『클릭, 디지털 세계에서 통제권을 잃지 않고 올바른 선택을 하는 방법Klick: Wie wir in einer digitalen Welt die Kontrolle behalten und die richtigen Entscheidungen treffen』, Bertelsmann.

3. Kawohl, J. & Becker, J. (2017): 「최고 경영진의 기업가 정신과 디지털 역량, 독일 기업의 경영진은 디지털 전환에 필요한 미래 기술을 갖추고 있을까?Unternehmergeist und Digitalkompetenz im Topmanagement: Verfügen deutsche Vorstände über die Zukunftsfähigkeiten, die die digitale Transformation erfordert?」, Berlin, Hochschule für Techinik und Wirtschaft Berlin, https://18340a7b-c60f-42a9-b283-542b49515092.filesusr.com/ugd/63 eb59_83844d3bffea42c1ad71d824871f5ff1.pdf.

4. 포츠담 연방경찰청 2018년 9월 18일 「프로젝트 1, 생체 안면 인식Teilprojekt 1,

Biometrische Gesichtserkennung」, 최종 보고.

5. Vincent, J. 2018년 7월 5일: 런던 경찰청장 "오경보율 98퍼센트의 〈완전히 안전한〉 안면 인식 시스템", https://www.theverge.com/2018/7/5/17535814/uk-face-recognition-police-london-accuracy-completely-comfortable.

6. 참조. Gigerenzer, G. (2021): 『클릭, 디지털 세계에서 통제권을 잃지 않고 올바른 선택을 하는 방법Klick: Wie wir in einer digitalen Welt die Kontrolle behalten und die richtigen Entscheidungen treffen』, Bertelsmann.

7. https://twitter.com/MHohlmeier/status/1050766534564548609.

8. Gigerenzer, G., Multmeier, J., Föhring, A. & Wegwarth, O. (2021): '어린이도 베이즈 정리를 이해할 수 있을까?Do children have Bayesian intuitions?', 「Journal of Experimental Psychology: General」, 50, 1041-70.

9. Mayer-Schönberger, V. & Cukier, K. (2013): 『빅 데이터Big Data』, Redline.

10. Katsikopoulos, K., Şimşek, Ö., Buckmann, M. & Gigerenzer, G. (2021): '독감 발생에 대한 투명한 모델링을 위해 빅 데이터와 심리학 이론에서 비롯한 단일 데이터 중 적합한 것은?Transparent modeling of influenca incidence: Big data or a single data point from psychological theory?', 「International Journal of Forecasting」 https://doi.org/10.1016/j.ijforecast.2020.12.006.

11. Gigerenzer, G. (2021): 『클릭, 디지털 세계에서 통제권을 잃지 않고 올바른 선택을 하는 방법Klick: Wie wir in einer digitalen Welt die Kontrolle behalten und die richtigen Entscheidungen treffen』, Bertelsmann.

12. Gigerenzer, G. (2017): '스마트폰이 췌장암을 조기 진단할 수 있을까?Is your smartphone able to predict pancreatic cancer?', 「British Medical Journal」, 358:j3159.

13. 2016년 6월 9일 《쥐트도이체 차이퉁》

14. Gigerenzer, G. (2014): '유방암 조기 검진을 설명하는 책자는 여성을 혼란에 빠뜨린다. 모든 여성은 핑크 리본을 찢어버리고 정직한 정보를 위한 캠페인을 벌여야 한다Breast cancer screening pamphlets mislead women: All women and women's organisations should tear up the pink ribbons and campaign for honest information', 「British Medical Journal」, 348:g2636. doi:10.1136/bmj.g2636.

15. 2016년 6월 11일 타게스안차이거, 「검색 엔진이 암을 진단한다Suchmaschine diagnostiziert Krebs」.

16. Gigerenzer, G. (2017): '스마트폰이 췌장암을 조기 진단할 수 있을까?Is your smartphone able to predict pancreatic cancer?', 「British Medical Journal」, 358:j3159.

17. Kosinski, M., Stillwell, D. & Graepel, T. (2013): '디지털 기록을 통해 개인의 특성 과 기질을 예상할 수 있다Private traits and attributes are predictable from digital records of human behavior', 「PNAS」, 110, 5802-5805.

9장

1. 여기에 소개한 잘못된 예측은 이해를 돕기 위한 예시로써, 말하자면 반쯤 검증되 었다. IBM 사장 왓슨이 1943년, 전 세계에 컴퓨터가 다섯 대밖에 필요하지 않을 것 이라고 말했다는 이야기는 늘 회자되는 이야기로써 하버드 출신 Mark-I 컴퓨터 개발자 하워드 에이컨Howard Aiken이 처음 이야기한 것으로 알려져 있다. 에이컨은 1952년에 다음과 같은 글을 남겼다. "사실 우리는 이 나라의 연구실에 숨겨진 컴퓨 터 여섯 대가 우리의 모든 필요를 충족할 수 있을 것이라고 생각했다." Cohen, I. B. (1998): '국가를 위해 필요한 컴퓨터 수에 대한 에이컨의 생각Howard Aiken on the number of computers needed for the nation', 「IEEE Annals of the History of Computing」, 20, 27-32. 참조.

2. https://www.rki.de/DE/Content/InfAZ/N/Neuartiges_Coronavirus/DESH/Bericht_VOC_2021-03-31.pdf?__blob=publicationFile#:~:text=1.1.7%20auf%2036%25%20in,%2D2%2DVariante%20in%20Deutschland.

3. 애석하게도 이러한 예측은 정치계에서 받아들여지지 않는다. 수십 년째 경제학자, 통계학자, 인구통계학자들이 연금 보험 시스템의 개혁이 필요하다고 지적해 왔지 만, 2021년에 들어서야 전반적 경제 발전 평가를 위한 자문 위원회와 연방경제에 너지부의 과학 자문위원회가 보고서를 발표했다. 「국가 연금 개혁 제안Vorschläge für eine Reform der gesetzlichen Rentenversicherung」, 연방경제에너지부, Berlin, https://www.bmwi.de/Redaktion/DE/Publikationen/Ministerium/Veroeffentlichung-Wissenschaftlicher-Beirat/wissenschaftlicher-beirat-vorschlaege-reform-gutachten.pdf?__blob=publicationFile&v=14, 하지만 정치인은 이러한 경고를 무 시한다. 2021년 연방 선거 운동에서 연금 개혁을 공약으로 내건 후보자는 없었다.

4. Meadows, Donella; Meadows, Dennis; Randers, Jørgen; Behrens, William W. III (1972): 『성장의 한계, 인류의 현상황에 대한 로마 클럽의 보고서Die Grenze des

Wachstums, Bericht des Club of Rome zur Lage der Menschheit』, Deutsche Verlags-Anstalt.

5. 1972년 보고서의 새 판이 나와 있으며, 2052년 종말에 대한 예측을 추가로 다루었다. 로마 클럽의 잘못된 예측은 수많은 논문과 서적에서 다루고 있지만 특히 이 책을 추천한다. Simon, J. (1995): 『인류의 현상황The State of Humanity』, Oxford.

6. C. R. Plott & V. L. Smith (발행인): 『실험경제학결론에 대하여Handbook of Experimental Economics Results』, 1편 경제학 개론 No. 28, 안에 Ortmann, A., Gigerenzer, G., Borges, B. & Goldstein, D. G. (2008): '인식적 발견론, 빠르고 검소한 투자 방법?The recognition heuristic: A fast and frugal way to investment choice?', (pp. 993-1003). Amsterdam: North-Holland.

7. 경제 예측의 문제점 RWI 참조 (2007), 《RWI 경제 보고서RWI Konjunkturberichte》, 58 (2), 94-96. 본문에 인용된 은행 간 금리 수준에 관한 자세한 내용이 나와있다.

8. 온라인에서 유명한 루메니게의 이 발언은 예시로 쓰기에 정말 훌륭하다. 아쉽게도 독일 제2 텔레비전은 이 방송의 녹화본을 제공할 수 없다고 밝혔고, 루메니게에게 직접 문의했으나 그는 이 방송을 기억하지 못했다.

10장

1. Neue Zürcher Zeitung, 「사망 정의의 기능과 한계Funktion und Grenzen von Todesdefinitionen」, 2012년 10월 8일, https://www.nzz.ch/meinung/debatte/funktion-und-grenzen-von-todesdefinitionen-ld.820173.

2. https://www.sueddeutsche.de/politik/luftverschmutzung-an-neujahr-unter-der-glocke-1.3317802 또는 https://www.focus.de/wissen/natur/gefahr-fuer-mensch-und-umwelt-dunstglocke-wegen-boellern-silvesterraketen-treiben-feinstaubwerte-in-die-hoehe_id_6437764.html.

3. Kolata, G.: 「새로운 지침에 따라 수백만 명의 미국인이 혈압을 낮추기 위해 노력해야 한다Under new guidelines, millions more Americans will need to lower blood pressure」, New York Times, 2017년 11월 13일 기사, https://www.nytimes.com/2017/11/13/health/blood-pressure-treatment-guidelines.html.

4. Drygas, H. (2009): '당뇨병의 통계적 분석Statistical Analysis of Diabetes Mellitus', 「Discussiones Mathematicae, Probability and Statistics」, 29(2009), 69-90.

5. Moynihan, R. & Henry, D. (2005): 『질병 판매하기, 세계 최대 제약 회사가 우리 모

두를 환자로 만드는 방법Selling Sickness, How the World's Biggest Drug Companies Are Turning Us All Into Patients』, New York (Nation books).

6. Mossmann, B. T., et al.: '석면, 과학적 발전과 공공 정책에 대한 합의Asbestos: Scietific developments and implications for public policy', 「Science」 243, 1990.

11장

1. Gigerenzer, G. (2021): 『클릭, 디지털 세계에서 통제권을 잃지 않고 올바른 선택을 하는 방법Klick: Wie wir in einer digitalen Welt die Kontrolle behalten und die richtigen Entscheidungen treffen』, Bertelsmann.

2. Prasad, V., Lenzer, J. & Newman, D. H. (2016): 「암 조기 검진이 생명을 구할 수 없는 이유와 이에 대해 우리가 할 수 있는 일Why cancer screening has never been shown to »save lives« – and what we can do about it」, BMJ 352:h6080 doi: 10.1136/bmj.h6080.

3. MedWatch, 2019년 5월 23일: 하이델베르크 혈액 검사에 대한 메드워치의 조사, 〈시장에 유통되기에 부적합할 뿐만 아니라 가치가 없는 검사〉, https://medwatch. de/2019/05/23/medwatch-recherche-zum-heidelberger-bluttest-nicht-nur-unreif-fuer-den-markt-sondern-offensichtlich-wertlos/.

4. Riffreporter.de/der_bildungsforscher_jan_martin_wiarda/heidelberg-skandal-brustkrebs.

5. De Koning, H. J., et al. (2020): '저선량 CT 조기 검진과 폐암 사망률 감소에 대한 무작위 실험Reduced lung-cancer mortality with volume CT screening in a randomized trial', 「New England Journal of Medicine」, 382, 503-13.

6. https://www.aerztezeitung.de/Medizin/Screening-auf-Lungenkrebs-wird-kommen-406213.html. Springer: https://link.springer.com/article/10.1007/s15006-020-0074-y. Der Standard: https://apps.derstandard.de/privacywall/story/2000114670866/raucher-in-die-roehre-schicken. Science.at: https://science.apa.at/rubrik/medizin_und_biotech/Endgueltig_geklaert_Lungenkrebs-Screening_bei_Rauchern_hilft/SCI_20200203_SCI39371351252991744.

7. https://www.derstandard.at/story/2000122056946/krebs-screening-in-raucherlungen-schauen.

278 우리는 왜 숫자에 속을까

12장

1. 허버트 체루티의 설명, 율리우스 카이사르의 호흡을 예시로 1998년 9월, https://www.nzz.ch/folio/ausgehaucht-ld.1617196?reduced=true.

13장

1. https://www.uni-mainz.de/presse/aktuell/3243_DEU_HTML.php.

2. https://www.derstandard.de/story/2000082288458/wie-das-fruehstueck-soziales-verhalten-beeinflusst.

3. https://www.aerzteblatt.de/nachrichten/124513/Studie-Ernaehrung-beeinflusst-Verlauf-von-COVID-19. https://nutrition.bmj.com/content/early/2021/05/18/bmjnph-2021-000272.

4. NWZ 온라인, https://www.nwzonline.de/panorama/studie-vegetarier-vorurteilsfreier_a_30,0,1372869499.html#.

5. 예를 들어 https://www.heilpraxisnet.de/naturheilpraxis/pflanzliche-ernaehrung-reduziert-das-risiko-fuer-diabetes-um-fast-ein-viertel-20190724460962/.

6. https://jamanetwork.com/journals/jamainternalmedicine/fullarticle/2738784.

7. 「여성을 위한 첫 비아그라가 곧 출시된다Erste Lustpille für Frauen kommt auf den Markt」, https://www.aponet.de/artikel/erste-lustpille-fuer-frauen-kommt-auf-den-markt-17223. 「쾌락을 좇는 더 큰 욕구Mehr Lust auf Lust」 https://www.tagesspiegel.de/gesellschaft/panorama/mehr-lust-auf-lust-was-viagra-fuer-die-frau-kann/12209514.html.

8. https://www.aerztezeitung.de/Panorama/Mit-100-Jahren-da-faengt-das-Leben-an-341502.html, https://www.daserste.de/information/politik-weltgeschehen/weltspiegel/sendung/ecuador-hundertjaehrige-100.html, https://www.sueddeutsche.de/leben/ecuador-tal-der-hundertjaehrigen-ohne-fleiss-kein-greis-1.44404, https://www.welt.de/wissenschaft/article9151705/Das-raetselhafte-Tal-der-hochagilen-Greise.html, https://www.welt.de/reise/article160311896/Das-Tal-der-100-Jaehrigen-lockt-Rentner-und-Hippies-an.html.

옮긴이 구소영

독일 보훔 대학교에서 학사로 교육학과 독어독문학을 전공했고, 동 대학원에서
교육학과 독어독문학으로 석사 과정에 재학 중이다.

우리는 왜 숫자에 속을까

초판 1쇄 발행 2023년 4월 10일
초판 2쇄 발행 2023년 5월 10일

지은이 게르트 기거렌처·발터 크래머·카타리나 슐러·토마스 바우어
옮긴이 구소영

발행인 이정훈 **본부장** 황종운
콘텐츠개발총괄 김남연 **편집** 김남혁
마케팅 최준혁 **디자인** this-cover

브랜드 온워드
주소 서울 마포구 월드컵로13길 19-14, 101호

발행처 (주)웅진북센
출판신고 2019년 9월 4일 제406-2019-000097호
문의전화 02-332-3391
팩스 02-332-3392
이메일 rights@wjbooxen.com

한국어판 출판권 ⓒ웅진북센, 2023
ISBN 979-11-6997-398-4 (03310)

*온워드는 (주)웅진북센의 단행본 브랜드입니다.
*책값은 뒤표지에 있습니다.
*잘못된 책은 구입하신 곳에서 바꾸어 드립니다.